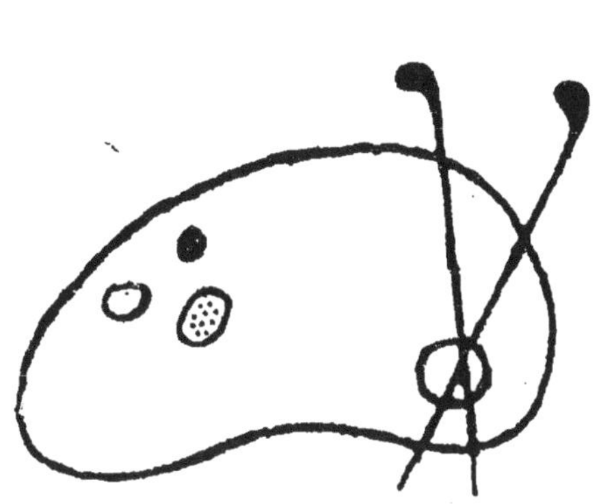

Début d'une série de documents
en couleur

ÉTUDE

DES

BANDES TELLURIQUES

α, B ET A

DU SPECTRE SOLAIRE,

PAR

M. A. CORNU,

MEMBRE DE L'INSTITUT.

PARIS,

GAUTHIER-VILLARS, IMPRIMEUR-LIBRAIRE

DU BUREAU DES LONGITUDES, DE L'ÉCOLE POLYTECHNIQUE.

SUCCESSEUR DE MALLET-BACHELIER,

Quai des Augustins. 55.

———

1886

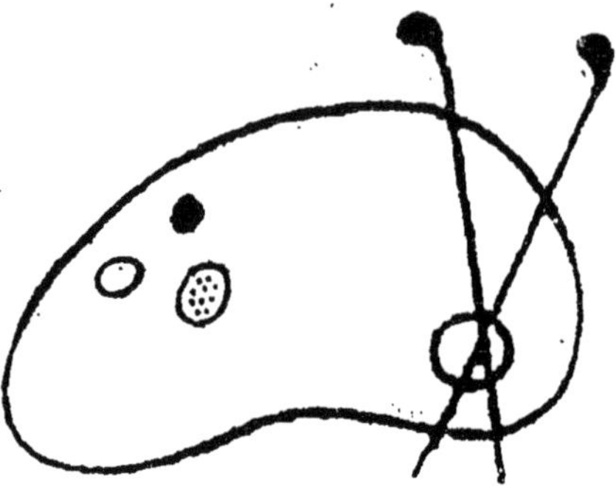

ÉTUDE

DES

BANDES TELLURIQUES

α, B ET A

DU SPECTRE SOLAIRE.

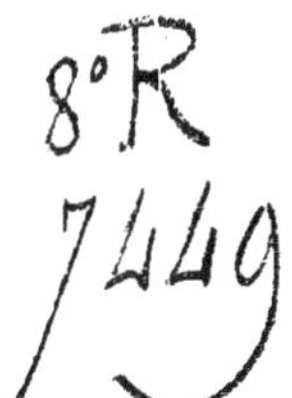

11342   PARIS. — IMPRIMERIE DE GAUTHIER-VILLARS,

Quai des Augustins, 55.

ÉTUDE

DES

BANDES TELLURIQUES

α, B ET A

DU SPECTRE SOLAIRE,

PAR

M. A. CORNU,

MEMBRE DE L'INSTITUT.

PARIS,

GAUTHIER-VILLARS, IMPRIMEUR-LIBRAIRE

DU BUREAU DES LONGITUDES, DE L'ÉCOLE POLYTECHNIQUE,

SUCCESSEUR DE MALLET-BACHELIER,

Quai des Augustins, 55.

1886

ÉTUDE

DES

BANDES TELLURIQUES

α, B ET A

DU SPECTRE SOLAIRE.

L'étude attentive des raies sombres du spectre solaire a été faite si souvent et par tant d'observateurs éminents, qu'on serait tenté de considérer comme désormais stériles les efforts dirigés dans cette voie : on va voir bientôt qu'il n'en est rien et que, grâce aux perfectionnements des instruments ou des méthodes, le champ des études nouvelles, bien loin d'être épuisé, soulève des problèmes nouveaux et importants.

La présente étude, entreprise en vue d'obtenir des repères caractéristiques du pouvoir absorbant de l'atmosphère, s'est élargie peu à peu : elle a conduit d'abord à une méthode extrêmement simple pour la distinction immédiate des deux espèces principales de raies constituant le spectre solaire ; enfin, par l'application de cette méthode à l'examen de certains groupes telluriques, elle a permis de mettre en évidence une symétrie et des analogies qui n'avaient point encore été soupçonnées.

HISTORIQUE.

Depuis les travaux de Brewster et de M. Janssen, on distingue dans le spectre solaire deux espèces de raies sombres : les unes dont l'aspect reste toujours le même, les autres qui deviennent plus larges et plus sombres à mesure que le Soleil s'approche de l'horizon. Les premières, pour la plupart identifiées avec les raies brillantes de vapeurs métalliques incandescentes (fer, magnésium, calcium, sodium, nickel, etc.), ont été attribuées à l'absorption produite par les substances métalliques vaporisées à la surface du Soleil ; les autres, en raison de leur intensité variable avec l'épaisseur atmosphérique traversée par les rayons solaires, s'expliquent par l'absorption élective que produisent les vapeurs ou les gaz froids de l'atmosphère terrestre : le spectre solaire est donc formé par la superposition de raies d'origine solaire et de raies d'origine terrestre, que l'on distingue, pour abréger, sous le nom de raies *solaires* et de raies *telluriques*.

Les désignations des principaux groupes de raies par des lettres A, B, C, ..., H, *a*, *b*, ..., imaginées dès le début par Fraunhofer (1817), c'est-à-dire bien avant les travaux précités, n'établissent aucune distinction entre ces deux sortes de raies ; quelques lettres nouvelles ont même été ajoutées, de sorte qu'actuellement la nomenclature des raies ne présente aucune symétrie et prêterait même à la confusion, si le nombre de groupes à distinguer n'était fort restreint. Voici, en effet, le résumé des dénominations conventionnelles généralement adoptées par les spectroscopistes, en nous bornant au spectre visible.

Parmi les huit raies principales primitivement dénommées par Fraunhofer depuis A jusqu'à H, pour séparer *à peu près* les sept couleurs principales du spectre (A, rouge extrême ; B, rouge ; C, orangé ; D, jaune ; E, vert ; F, bleu ; G, indigo ; H, violet), six d'entre elles sont caractéristiques d'éléments métalliques et sont d'origine solaire (C et F, hydrogène ; D, sodium ; E, G, fer ; H, calcium) ; les deux autres, A et B, sont telluriques.

Fraunhofer avait encore distingué deux groupes complexes, à savoir : une bande *a*, assez large, dans le rouge extrème, et une raie triple très apparente *b*, dans le vert ; *b* est métallique (magnésium) et *a* est d'origine terrestre.

Le croquis ci-dessous (*fig.* 1), dont la graduation représente l'échelle des longueurs d'onde (exprimées en millionièmes de millimètre), figure les raies ou groupes dont il a été question.

Brewster, en découvrant de nouvelles bandes d'intensité variable dans le spectre, ajouta de nouvelles désignations qu'il est inutile de rappeler ici. Nous citerons seulement

Fig. 1.

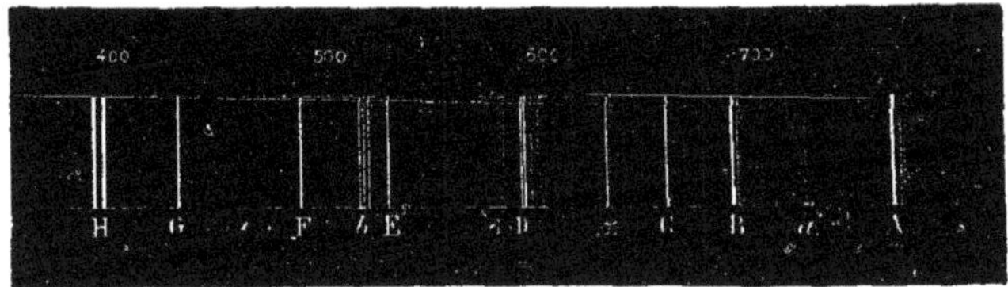

l'une des plus importantes, située dans l'orangé et nommée α dans le beau Mémoire d'Ångström sur le spectre normal du Soleil.

La distinction de ces deux sortes de raies a exigé les efforts assidus de plusieurs physiciens : en voici brièvement le résumé.

C'est surtout aux observations de M. Janssen qu'on doit la démonstration de l'origine tellurique des principaux groupes de la région la plus lumineuse du spectre solaire, en particulier de ceux qui sont près de la raie D dans l'orangé [1] ; il a montré que ces bandes étaient résolubles en raies fines lorsqu'on augmente le pouvoir dispersif du spectroscope d'observation. Il est même parvenu à recon-

---

[1] *Annales de Chimie et de Physique,* 4e série, t. XXIII, p. 274. Dans ce Mémoire on trouvera reproduite la Carte de MM. Brewster et Gladstone, publiée en 1860 dans les *Philosophical Transactions.*

naître que ces groupes telluriques doivent être attribués à la vapeur d'eau.

Ångström (¹) a confirmé l'opinion de M. Janssen en observant la disparition complète de ces groupes au mois de janvier 1864, à Upsal, par une température de — 27°C. En effet, pendant les grands froids de l'hiver, l'atmosphère est presque absolument desséchée ; aussi les raies voisines de **D**, de **C** et la bande *a*, si visibles en été, à égalité de hauteur du Soleil au-dessus de l'horizon, ayant disparu complètement, doivent-elles être attribuées à la vapeur aqueuse.

Quelque temps après, M. Janssen (²) observa directement le spectre d'absorption de la vapeur d'eau surchauffée à travers un long tube et annonça l'identité du spectre observé avec les bandes telluriques correspondantes du spectre solaire. Bien que la carte de ce spectre n'ait jamais été publiée, la concordance est maintenant admise et se trouve vérifiée par les observations journalières des physiciens et des météorologistes : on peut citer en particulier celles de l'Astronome royal d'Écosse, M. Piazzi Smith ; à Lisbonne et à Madère (³), l'intensité de ces bandes aqueuses (*rain bands*), observée avec un spectroscope à faible dispersion, est même devenue une donnée météorologique dans certains observatoires. J'ai montré récemment (⁴) que l'emploi d'une dispersion un peu forte, résolvant ces bandes en raies isolées, permettait, par des comparaisons convenables avec les raies métalliques, une évaluation précise de la quantité totale de vapeur d'eau existant à un moment donné dans l'atmosphère.

Voilà ce qui concerne les raies de la vapeur aqueuse,

(¹) *Spectre normal du Soleil.*

(²) *Comptes rendus des séances de l'Académie des Sciences*, t. LXIII, p. 289.

(³) *Voir* le Mémoire détaillé *Madeira spectroscopic*, dans lequel l'auteur résume tous les travaux de ses devanciers et ses propres observations.

(⁴) *Comptes rendus des séances de l'Académie des Sciences*, t. XCV, p. 801, et *Journal de l'École Polytechnique*, LIIIᵉ Cahier, p. 175.

groupées en bandes compactes comme celles qui avoisinent les raies C et D ; on verra plus loin qu'il en existe d'autres plus ou moins isolées dont la distinction n'est pas encore complètement établie.

Il reste peu de chose à ajouter pour compléter les résultats relatifs aux autres groupes telluriques. Ångström, dans l'observation précitée, en voyant disparaître les bandes de la vapeur aqueuse, constata au contraire que les groupes A, B et α subsistaient seuls par les grands froids : il en conclut que A, B et α, d'ailleurs assez analogues d'aspect, doivent avoir probablement pour origine l'absorption produite par un gaz permanent de l'atmosphère terrestre ; mais, tout en mentionnant l'acide carbonique et l'ozone, il ne se prononça pas sur la nature chimique de l'absorbant [1].

Une étude fort intéressante d'un astronome américain, M. Langley, sur les groupes A et B, a conduit à un résultat très curieux [2] ; ces deux groupes, observés avec une forte dispersion, présentent une structure tout à fait analogue et sont formés d'une bande résoluble et d'une série de doubles lignes formant cannelures : il est donc naturel de conclure que A et B sont dus tous deux à la même substance absorbante existant dans l'atmosphère sèche.

Quant à la bande α que M. Piazzi Smith a étudiée récemment en détail dans *Madeira spectroscopic*, comme A et B, elle était considérée, jusque dans ces derniers temps, comme un groupe complexe et d'origine *mystérieuse*, suivant l'expression du savant Astronome royal d'Écosse.

---

[1] Les études de MM. Hautefeuille et Chappuis (*Comptes rendus des séances de l'Académie des Sciences*, t. XCII, p. 80, et *Annales de l'École Normale*, 2ᵉ série, t. XI, p. 137) dans le spectre d'absorption de l'ozone n'ont fourni aucune coïncidence avec les bandes telluriques importantes du spectre solaire.

[2] *Proceedings of the American Academy*; 1878.

Tout récemment ([1]), M. Egoroff, en étudiant directement le spectre d'absorption de divers gaz existant dans l'atmosphère, a conclu que les groupes A et B doivent être attribués à l'oxygène.

Enfin les opinions sur l'origine de la bande a sont loin d'être concordantes. M. Egoroff l'attribue à la vapeur d'eau ; mais de nouvelles études sont nécessaires pour arriver à la certitude complète.

Tel est le résumé succinct de nos connaissances sur la part qui doit être attribuée à l'absorption atmosphérique dans le spectre solaire ; on voit combien elles sont imparfaites et combien il faudra encore d'efforts pour résoudre toutes les questions qui se rattachent à l'influence de notre atmosphère sur les apparences spectrales.

PREMIÈRE PARTIE.
APPAREILS ET MÉTHODES D'OBSERVATION.

APPAREILS D'OBSERVATION.

Les spectroscopes dont je fais usage se composent essentiellement d'un collimateur, d'une lunette et d'un réseau ; les réseaux sont d'un emploi si facile et atteignent un pouvoir dispersif si considérable, qu'on doit, dans l'état actuel de la construction du spectroscope, les préférer de beaucoup aux prismes pour le spectre visible.

Les observations préliminaires et les mesures absolues ont été faites avec le réseau ([2]) que M. Rutherfurd de New-York a bien voulu me donner en 1877 et que j'ai

------

([1]) *Comptes rendus des séances de l'Académie des Sciences*, t. XCVII, p. 555.

([2]) Réseau de 7387 traits et d'environ $2^{cm},17$ de large ; la distance moyenne des traits, déduite de la déviation de la raie **D**, est de $0^{mm},002935$.

eu plusieurs fois l'occasion d'utiliser. Monté sur un petit goniomètre de MM. Brunner, dont les objectifs ont $24^{cm},2$ de distance focale, il offre des images si parfaites qu'on peut remplacer l'oculaire de la lunette par un microscope composé grossissant 25 fois et observer, sous diffraction normale, le spectre du quatrième ordre.

Les observations de détail ont été faites avec un autre réseau plus admirable encore, que M. le professeur Rowland m'a adressé récemment pour être offert à l'École Polytechnique, de la part de l'université John Hopkins de Baltimore; ce réseau, tracé sur métal des miroirs, offre une surface striée de $5^{cm},5$ (longueurs des traits) sur $8^{cm},0$ de largeur; il est plan, et la distance moyenne des traits est égale à $0^{mm},001760$; il est placé sur un plateau circulaire mobile autour de son centre, au point de concours de l'axe d'un collimateur ($0,090$ d'ouverture, $1^{m},18$ de longueur focale) et d'une lunette munie d'un micromètre à fil ($0,105$ d'ouverture et $1^{m},40$ de distance focale), le tout fixé sur une large table horizontale en bois.

Quelques vis calantes permettent d'obtenir le réglage des diverses parties de l'appareil. L'axe optique de la lunette fait, avec celui du collimateur, un angle fixe d'environ $43°$, calculé par la condition que le deuxième spectre soit, dans la région BCD, observé normalement au réseau.

La définition des images est si parfaite, que l'on dépasse en finesse et en netteté les beaux dessins que M. Thollon a donnés des groupes *b*, D.

Un héliostat simplifié très portatif (¹) envoie le faisceau

(¹) Il est plus facile qu'on ne le croit généralement d'improviser un héliostat : une montre-réveil dont on remplace l'aiguille des heures par une poulie en bois, montée sur un petit tube, suffit comme moteur; le mouvement est transmis à une seconde poulie d'un diamètre double montée sur un tube formant axe horaire, prolongée par la branche d'un compas qui fournit l'articulation du bras de déclinaison. Quelques

solaire, qu'une lentille collectrice concentre sur la fente
du collimateur.

La lentille collectrice C peut recevoir deux espèces de
mouvements; à cet effet, elle est portée par un dispositif
spécial qui se réduit (*fig.* 2) à une tablette TT', guidée à
coulisse parallèlement à l'axe du collimateur et mobile à
l'aide d'un pignon H et d'une crémaillère T; on peut ainsi,
en manœuvrant une manette M, amener avec précision

Fig. 2.

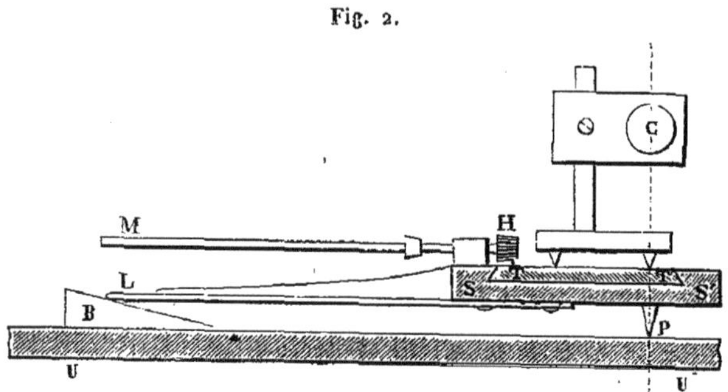

l'image focale du Soleil dans le plan de la fente : tel est le
premier mouvement. Le second *mouvement est produit*
de la manière suivante.

Le socle SS', qui porte la tablette mobile, repose sur la
table UU' du spectroscope par deux pointes (qui se pro-
jettent l'une sur l'autre en P sur la figure) autour desquelles
il peut pivoter; l'axe de rotation, passant par ces deux
pointes, est dans le plan vertical de l'axe du collimateur ;
le centre optique de la lentille collectrice est aussi placé
dans ce plan, d'où il résulte que tout balancement de
l'appareil fait décrire, à chaque point de l'image solaire,

---

aiguilles à tricoter et de petits tubes de laiton servent à confectionner
les axes et les manchons : on obtient ainsi, à peu de frais, un héliostat
du type de celui de Gambey, marchant d'une manière très satisfaisante.

un petit élément circulaire sensiblement horizontal dans
le plan de la fente du collimateur.

L'observateur produit à volonté ce mouvement, en éle-
vant ou abaissant un levier L fixé transversalement au
socle; un coin en bois B soutient l'extrémité du levier et
l'arrête à la hauteur voulue.

Cette disposition très simple permet d'amener sur la
fente un point donné du disque solaire, en particulier les
bords parallèles à la fente.

Enfin, un prisme de verre dit *hypoténuse*, placé sur
le trajet du faisceau de l'héliostat de manière à le réflé-
chir une fois sans le dévier, sert à modifier l'orientation
de l'équateur solaire suivant une propriété bien connue
de ce genre de prisme.

MÉTHODES D'OBSERVATION.

Le but que je me proposais d'abord était de continuer,
dans la région orangée du spectre solaire, entre C et D,
l'étude détaillée des raies telluriques faite précédemment
au voisinage des raies D ([1]). Le groupe α (Ångström)
attirait particulièrement mon attention, par l'intensité
lumineuse de la région sur laquelle il se détache, même
aux très basses hauteurs du Soleil au-dessus de l'horizon.
L'incertitude qui planait sur l'origine de ce groupe était
un motif de plus pour en poursuivre l'étude détaillée.

Le premier soin, dans ce genre de recherches, est de
dresser à grande échelle la carte de la région à étudier;
j'avais, pour me guider, l'Atlas d'Ångström, dont l'échelle
est trop réduite, et celui de M. Fievez, plus complet,
mais qui ne fait aucune distinction des deux sortes de
raies.

([1]) *Comptes rendus de l'Académie des Sciences,* t. XCV, p. 801, et
Journal de l'École Polytechnique, LIII⁰ Cahier, p. 175.

L'appareil étant réglé, les premières journées d'observation [août et septembre 1883, à Courtenay (Loiret)] se passèrent à relever au micromètre les raies visibles et à noter leurs variations relatives d'intensité avec la hauteur du Soleil ; je ne tardai pas à démêler l'origine solaire de plusieurs d'entre elles, mais sans distinguer d'abord dans ce groupe autre chose qu'un amas assez confus de lignes sombres, distribuées irrégulièrement comme les raies telluriques voisines de **D**. Je me disposai à répéter méthodiquement, tous les jours favorables, les séries des évaluations relatives d'intensité aux diverses hauteurs du Soleil, observations pénibles et minutieuses, laissant toujours place à un peu d'incertitude, à moins d'être prolongées pendant un temps considérable ; mais il n'y avait pas d'autre moyen connu pour distinguer sûrement les raies telluriques des raies solaires.

Dans les intervalles de ces observations, utilisant l'admirable spectre que j'avais sous les yeux, j'exécutai divers essais, en particulier l'expérience du déplacement relatif des raies solaires et telluriques décrites par M. Thollon (¹), déplacement qui démontre, conformément au principe de M. Fizeau, le mouvement de rotation du globe solaire ; il suffit pour cela, comme on sait, de projeter successivement sur la fente les deux extrémités de l'équateur solaire : les raies telluriques restent fixes, tandis que les raies métalliques d'origine solaire présentent, par rapport à ces dernières, un déplacement très appréciable.

La grande dispersion du réseau Rowland me permit de trouver un assez grand nombre de semblables groupes formés de raies contiguës, d'espèces différentes, montrant le mouvement différentiel avec encore plus de netteté que

---

(¹) *Comptes rendus des séances de l'Académie des Sciences*, t. XCI, p. 369.

celui de M. Thollon; on peut citer, en particulier, les groupes suivants :

	627,85 métallique.
	87
	92
	95 métallique.
	630,03 métall. (Fer).
	09
Groupe α............	13 métallique.
	16
	631,31
	35 métallique.
	39
	42 métallique.
	647,45
	43
Groupe près de C......	48 métallique.
	50

On peut citer encore les régions 649,4, 651,5, 654-655, où le mélange des raies telluriques et métalliques est intéressant à examiner.

Ces observations me conduisirent naturellement à rechercher un moyen d'utiliser ce déplacement, pour distinguer les raies d'origine solaire et celles d'origine terrestre, afin d'abréger le travail fastidieux de l'observation des intensités relatives.

Dans le cas particulier où les raies d'espèce différente sont très rapprochées, l'utilisation paraît immédiate; mais, comme les déplacements obtenus sont extrêmement petits et sont *relatifs*, il y a indétermination; car on ne distingue pas nettement quelles sont les raies fixes et quelles sont les raies mobiles; la méthode semble donc en défaut.

Le problème à résoudre consistait donc à distinguer les raies fixes des raies mobiles, non seulement dans le cas

des groupes mixtes très serrés, mais encore dans le cas
général des raies isolées.

Ce problème n'était pas nouveau ; c'est celui que tous
les astronomes occupés du mouvement des étoiles (Secchi,
Huggins, etc.) ont été amenés à considérer. C'est celui que
Zöllner et M. Langley ont cherché à résoudre avec des dispositifs à réversion. Malheureusement les résultats ne paraissent pas avoir été absolument concluants : il est facile
d'en découvrir la raison. D'abord la plupart des spectroscopes employés jusqu'ici présentaient une dispersion insuf-
fisante ; ensuite les dispositifs optiques employés pour
l'inversion et la duplication du déplacement offrent pour
la plupart des erreurs propres, qui peuvent se doubler
aussi par réversion : dans ces conditions, les raies telluriques, qui n'auraient dû présenter aucun déplacement,
n'offrent pas franchement la fixité qui est leur caractère. C'est ce qui explique pourquoi les résultats obtenus,
jusqu'à l'expérience différencielle de M. Thollon, ont été
considérés comme contestables.

En présence du même problème, je me trouvais dans les
mêmes conditions que mes devanciers, mais avec l'avantage d'une dispersion plus considérable et d'une perfection
d'images probablement supérieure. L'importance physique
et astronomique du problème à résoudre était trop grande
pour n'en pas tenter la solution. La solution était-elle possible ? Le déplacement n'était-il pas trop petit, même avec
le beau réseau Rowland pour être utilisable en valeur absolue ? La mesure micrométrique du déplacement relatif
conduisait à un chiffre très petit, il est vrai, mais parfai-
tement appréciable : la difficulté était de rendre ce déplacement *absolu.*

*Essais en vue d'utiliser le déplacement astronomique
des raies spectrales.* — Les premiers essais ne furent pas
favorables : en faisant tomber successivement les deux
bords de l'équateur solaire sur la fente du spectroscope,

les raies solaires rapportées au réticule de la lunette éprou-
vaient bien le déplacement prévu, mais les raies telluriques paraissaient aussi se déplacer un peu.

C'était la disposition la plus simple de l'expérience :
en compliquant l'appareil, il n'y avait guère de chances
d'améliorer les résultats; néanmoins j'essayai un dispositif donnant *simultanément* les spectres des deux bords
solaires, au lieu des deux spectres *successifs*.

Pour dédoubler l'image du Soleil, le plus simple était
d'adopter l'héliomètre de Bouguer, à savoir la lentille
coupée en deux suivant un diamètre. Mais, au point de
vue des aberrations, ce dispositif n'est pas plus correct
que ceux des spectroscopes à réversion, puisque les deux
faisceaux à comparer ne traversent pas les mêmes surfaces
réfringentes.

L'emploi du prisme biréfringent de Wollaston ne comporte pas les mêmes objections : dans cet appareil, les
faisceaux dédoublés ont traversé sensiblement les mêmes
parties du cristal. Le prisme employé séparait les deux
faisceaux d'un angle égal à 40'; il était placé sur un sup-
port fixe entre la lentille collectrice et la fente, dans la
position qui rendait exactement tangentes les deux images
du disque solaire, sous-tendant un angle de 32' environ ; le
réglage est facile, puisque l'écart des images varie depuis
zéro, lorsque le prisme est au contact de la fente, jusqu'à
40', lorsque le prisme atteint la lentille. On arrive ainsi
aisément à placer le point de contact et les centres des deux
disques solaires sur la fente du spectroscope. Le prisme
hypoténuse permettait d'ailleurs de rendre parallèle à la
fente le diamètre équatorial du Soleil; il suffisait de le
tourner autour de son axe d'un angle de 45°, par rapport
à la position qui fournit le plus grand déplacement dans
un groupe mixte facile à observer.

Dans la lunette, on aperçoit alors deux spectres situés
l'un au-dessus de l'autre, séparés par une zone sombre si

C. 2

les deux images du disque solaire sont séparées, par une
zone plus claire si les images empiètent l'une sur l'autre et
qui, théoriquement, doit devenir presque invisible si l'on
règle avec soin :

1° Le foyer de la lentille collectrice dans le plan de la
fente;

2° La position du prisme biréfringent.

Dans ces deux spectres superposés, les raies sont exactement les mêmes, mais les raies telluriques et les raies
solaires se distinguent immédiatement. Les raies telluriques T, T′ (*fig.* 3) forment des lignes droites en passant

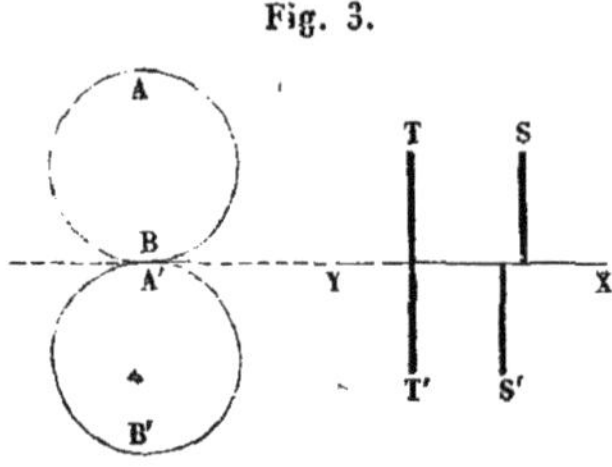

Fig. 3.

d'un spectre à l'autre; les raies solaires S, S′ sont brisées
sur la zone de séparation des deux spectres.

En effet, sur cette ligne de séparation, se trouvent contigus les spectres des deux bords opposés B, A′ de l'équateur
solaire; les variations de longueur d'onde des mêmes radiations sont de signe opposé et par suite se doublent : de
là cette brisure caractéristique dans la disposition de la
raie sombre observée.

Théoriquement le phénomène doit être d'une netteté
extrême, mais pratiquement il est accompagné de perturr-
bations qui tendent à l'altérer; ainsi la ligne de séparation
(*fig.* 4) n'est pas une ligne mathématique : c'est une zone
de largeur appréciable, un peu estompée, sur laquelle les
raies s'élargissent et par conséquent perdent leur netteté.
Or, à mesure que ces perturbations augmentent, l'appré-

ciation *physiologique* de la coïncidence ou de la disloca-
tion devient rapidement incertaine.

Tous mes efforts portèrent donc sur la recherche des
conditions optiques nécessaires pour rendre aussi nette
que possible la ligne de séparation des deux spectres. Les
diverses pièces de la tête du collimateur furent modifiées,
rendues mobiles de façon à varier les distances, les positions relatives, etc. Les raies spectrales étaient dans tous
les cas très nettes; mais tantôt le phénomène de coïncidence était d'une netteté parfaite; tantôt, avec un dispositif
présumé identique, l'incertitude reparaissait. Ces altéra-
tions singulières sans cause apparente me parurent mé-

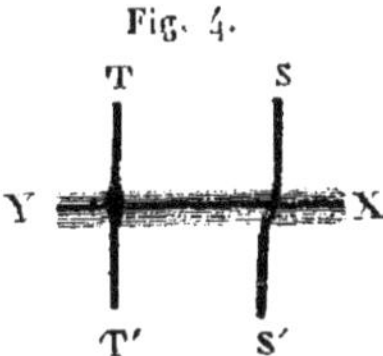

Fig. 4.

riter une étude minutieuse. Les essais furent alors répétés
méthodiquement, et bientôt apparut la condition fonda-
mentale de réglage, condition si évidente qu'elle aurait dû
s'offrir en quelque sorte *a priori*, au lieu de ne ressortir
que péniblement d'une longue série d'essais.

Voici en effet la discussion bien simple qui y conduit.

RÉGLAGE APLANÉTIQUE DU SPECTROSCOPE.

Discussion de la formation des images. — La première condition à remplir est de donner aux raies spectrales le maximum de netteté dans le plan de visée de l'oculaire, que nous supposerons coïncider avec le plan du réticule de la lunette; la seconde est de faire en sorte que le
bord de chaque spectre présente un maximum analogue
de netteté : ce bord n'est autre que la limite de l'étalement

par dispersion de la portion de l'image du bord solaire
projetée dans le plan de la fente, et perpendiculairement à
la direction de cette fente ; d'où l'on conclut que l'on doit
voir, dans le plan du réticule, avec une netteté égale, aussi
bien les lignes verticales que les lignes horizontales situées
dans le plan de la fente.

Or cette condition n'est presque jamais remplie dans
les spectroscopes ([1]), à cause des petites imperfections des
surfaces réfringentes ou diffringentes, et on le constate
aisément en examinant le spectre, généralement sillonné
de stries noires horizontales ; si l'on met bien au point les
raies verticales, les stries horizontales n'y sont pas et in-
versement : en un mot les images sont *astigmatiques* ; la
différence de tirage peut s'élever à plusieurs millimètres
dans le cas d'instruments réputés très parfaits, alors que
la tolérance de la mise au point ne dépasse pas quelques
dixièmes de millimètre.

Je reconnus alors que le collimateur de mon appareil,
réglé *approximativement* sur l'infini, entraînait cet astigmatisme dont je ne m'étais pas préoccupé tout d'abord,
la perfection des raies spectrales étant indépendante, dans
une large étendue, des tirages du collimateur : de là vrai-
semblablement ces inégalités singulières dans la netteté du
phénomène observé. Je relevai alors méthodiquement la
position des tirages de la lunette donnant dans le plan du
réticule le maximum de netteté des raies verticales et des
stries horizontales, en faisant varier le tirage de la fente
du collimateur de 5^{mm} en 5^{mm}.

Le résultat fut le suivant : les variations de tirage de la
lunette et du collimateur sont sensiblement proportionnelles pour une même espèce d'image focale, mais le coefficient de proportionnalité n'est pas le même pour les deux ;

([1]) On paraît même souvent chercher à l'éviter, car l'image spectrale
gagne en pureté lorsqu'elle est débarrassée des stries horizontales provenant des inégalités ou des poussières inévitables de la fente.

d'où il résulte la possibilité de trouver, par une interpolation numérique ou graphique, le tirage qui donne la coïncidence exacte des deux espèces de foyers, à savoir la coïncidence du foyer des raies et du foyer des stries transversales.

Voici un exemple numérique ([1]) :

Tirage du collimateur.	Tirage de la lunette.		Différence V — H.
	Raies verticales V.	Stries horizontales H.	
$x = 12,0$ cm	$y = 1,16$ cm	0,75	$+0,41$
11,0	1,96	2,14	$-0,18$
10,5	2,37	2,93	$-0,56$

d'où l'on conclut les valeurs correspondantes de x et y qui donnent les deux images dans le même plan

$$\frac{x - 11}{12 - x} = \frac{0,18}{0,41}, \quad x = 11,30$$

et

$$\frac{1,96 - y}{y - 1,16} = \frac{0,18}{0,41}, \quad y = 1,72.$$

Effectivement, si l'on règle le tirage de la lunette à la division 1,72 et celui du collimateur à la division 11,30, on reconnaît que l'image des raies spectrales et celle des stries transversales se font exactement dans le même plan, qui est celui du réticule.

Pour abréger, nous conviendrons d'appeler ce réglage, *réglage aplanétique.*

MODES D'OBSERVATIONS.

Observation par brisure des raies solaires. — Ce réglage une fois effectué, on règle aisément le foyer de la lentille collectrice, de manière que les deux bords so-

---

([1]) Le collimateur a pour distance focale environ $1^{mm},17$ et la lunette $1^{m},40$.

laires normaux à la fente donnent deux bords nets aux spectres contigus; il suffit alors d'approcher ou de reculer légèrement le prisme de Wollaston pour amener les deux spectres à se toucher, suivant une ligne d'une perfection très satisfaisante. Si l'un des spectres n'a pas la même intensité que l'autre, cela tient généralement à ce que le faisceau de l'héliostat n'est pas bien centré sur l'axe de la lentille collectrice, car la polarisation des deux images du prisme n'introduit aucune différence gênante dans l'aspect des deux spectres.

Lorsque toutes ces conditions sont remplies, le phénomène de coïncidence des raies telluriques et de brisure des raies solaires prend un caractère de netteté incontestable, et la distinction des deux espèces de raies n'exige plus qu'un peu d'attention, lorsque le champ est suffisamment intense.

Amenée à cet état, la question pouvait donc être considérée comme résolue : néanmoins, je n'ai pas cru devoir me contenter de cette solution, et j'ai cherché à la perfectionner, afin de rendre plus manifestes encore les déplacements qui, par leur nature même, ont si peu d'amplitude.

Observation par brisure et obliquité des raies solaires. — Le premier perfectionnement a consisté à faire concourir non seulement les bords contigus des spectres, mais toute l'étendue de la ligne spectrale, à la mise en évidence du phénomène. On peut remarquer en effet que, le long du diamètre équatorial du disque solaire, qu'on projette sur la fente, la longueur d'onde de la raie observée varie d'une manière continue ; d'où il résulte que, dans ce cas, les raies solaires S, S' doivent non seulement être disloquées à la ligne de séparation des deux spectres, mais encore être inclinées sur la direction normale des raies que conservent les raies telluriques T, T' (*fig.* 5). On doit donc pouvoir exagérer cette inclinaison en donnant aux images des disques un très petit diamètre, c'est-à-dire en employant une lentille collectrice d'un très court foyer ($0^m,08$ à $0^m,03$).

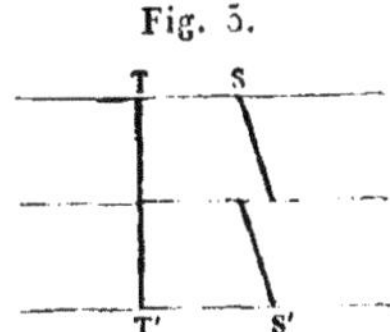

Fig. 5.

L'expérience vérifie cette conséquence de la théorie, et le phénomène fournit un nouvel élément d'appréciation qui le rend encore plus manifeste.

Observation par simple obliquité des raies solaires. — Il y a plus : dans les groupes mixtes de raies très serrées, comme ceux qui ont été cités plus haut, l'obliquité des raies solaires au milieu des raies telluriques est si sensible que la considération de la brisure devient en quelque sorte inutile; on peut alors supprimer le prisme biréfringent et se contenter d'une seule image pour observer l'effet différenciel : l'intensité, n'étant plus dédoublée par le prisme, est alors deux fois plus grande, ce qui, dans certains cas, ajoute encore à la manifestation du phénomène ([1]). Dans des circonstances favorables, l'obliquité est même suffisamment visible par comparaison avec le réticule préalablement réglé sur une raie tellurique fine.

([1]) Je ne doute pas qu'on puisse aller très loin dans cette voie et arriver, par la diminution du diamètre de l'image solaire comparativement à la dispersion de l'appareil, à une telle obliquité de raies solaires que la distinction des deux espèces de raies devienne immédiate.

Mais il faudra perfectionner en même temps la construction des lentilles et des réseaux, car les moindres aberrations deviennent alors extrêmement gênantes.

Pour diminuer l'image solaire, j'ai usé d'un artifice recommandé autrefois par MM. Fizeau et Foucault en vue d'obtenir un spectre sans aucune strie transversale. Cet artifice consiste à remplacer la fente très fine par l'image focale très réduite d'une fente de largeur moyenne obte-

Pour les raies des régions invisibles, mais susceptibles d'être photographiées, l'artifice de l'obliquité des raies solaires serait extrêmement précieux, et c'est en vue de ces études que j'ai exécuté ces essais.

Possibilité d'un mode d'observation par effacement partiel des raies solaires. — Dans le cas où l'intensité photographique serait suffisante (les plaques à la gélatine permettent d'aller bien loin), on pourrait employer un perfectionnement qui conduirait à un résultat très curieux, que je me borne ici à indiquer. Si l'on prenait une très petite image solaire, qu'on ferait osciller *parallèlement à la fente*, les raies telluriques conserveraient leur netteté, tandis que les raies solaires seraient partiellement effacées : je me réserve de revenir sur cette méthode, qui pourrait s'appliquer aussi aux observations visuelles.

MÉTHODE DU BALANCEMENT DES RAIES.

Discussion de la formation des images. — Les avantages du *réglage aplanétique* étant bien établis par les expériences précédentes, je revins au premier mode d'observation, dont la simplicité théorique est complète, et qui consiste à amener successivement l'image des deux extrémités de l'équateur solaire tangentiellement à la fente du collimateur : il donna, comme on va le voir, les résultats les plus satisfaisants.

---

nue à l'aide d'une lentille cylindrique de court foyer. Si l'on remplace la lentille cylindrique par une lentille sphérique, on obtient dans le plan focal de cette lentille l'image réduite de la fente et du disque solaire que l'on peut projeter sur cette fente. On peut donc, par un choix convenable des dimensions et du foyer, obtenir telle réduction que l'on veut.

J'ai été arrêté dans la poursuite de ces essais par les imperfections des objectifs et du réseau : le grossissement par l'oculaire, nécessaire pour donner au spectre une largeur suffisante, exige dans les images une perfection complète : les dispositifs devenant plus compliqués, les réglages deviennent plus difficiles, les aberrations s'ajoutent et la confusion s'introduit; l'étroitesse du ruban lumineux devient, d'ailleurs, une gêne pour l'appréciation des raies.

Lorsque l'appareil est insuffisamment réglé, aucune des raies, même parmi les raies telluriques, n'est absolument fixe, ainsi que l'a remarqué M. Thollon dans la Note où il a décrit son expérience différencielle.

On peut d'abord montrer que cette perturbation est une conséquence de la constitution *astigmatique* des faisceaux que l'on fait concourir à l'observation. En effet, si les lignes verticales et horizontales supposées tracées dans le plan de la fente du collimateur ne donnent pas des images en coïncidence dans le plan focal de l'oculaire, en un mot, si le réglage n'est pas *aplanétique*, l'image d'un point de la fente donnera deux images focales linéaires rectangulaires, l'une parallèle à la fente, l'autre perpendiculaire. La *mise au point* de ces images focales imparfaites est une opération physiologique instinctive assez difficile à analyser, par laquelle notre œil s'accommode à l'image de dimension minimum : dans le cas d'une aberration astigmatique faible, c'est la section moyenne du faisceau située entre les deux foyers linéaires qui représente l'image du point correspondant au faisceau astigmatique ; et c'est, en quelque sorte, le centre de gravité des intensités superficielles de cette section qui représente le centre de l'image.

Si le faisceau considéré est l'altération d'un faisceau conique de révolution d'intensité uniforme sur sa base, la section minima aura une constitution symétrique au point de vue des intensités, et le centre apparent coïncidera avec le centre géométrique.

Mais, si le faisceau peut être assimilé à la déformation légère d'un faisceau conique dont la base n'offre pas une intensité uniforme, la section minima représentant l'image du point aura une constitution dissymétrique, et le centre *physiologique* de l'image sera nécessairement reporté du côté des rayons les plus intenses.

D'où il résultera que la position apparente de l'image imparfaite du point dépendra de la loi de succession des

intensités sur la base du faisceau conique qui lui donne
naissance, et l'inversion du sens de la répartition des
intensités amènera nécessairement un déplacement dans la
position que l'œil lui assignera. Telle paraît être l'origine
des déplacements ou *parallaxes* observés dans la plupart
des appareils *à réversion* appliqués aux spectroscopes.

L'emploi d'une fente d'une certaine hauteur donne lieu
à un phénomène analogue et l'œil adopte comme foyer
moyen une section voisine de l'image linéaire verticale
située du côté le plus intense. Mais cette accommodation
physiologique comporte toujours une assez grande incertitude, d'autant que ces foyers linéaires sont mal définis :
l'image linéaire est donc insaisissable et sera inévitablement
entachée de l'erreur qui affecte les sections intermédiaires.
Donc la perturbation est inévitable et, bien qu'atténuée
par diverses conditions favorables, elle sera appréciable
dans l'image linéaire des raies spectrales.

Il reste à montrer maintenant que les faisceaux émanés
des bords solaires projetés sur la fente ont incontestable-
ment dans leur intensité la constitution dissymétrique,
cause de ces parallaxes, lorsque la marche de ces faisceaux
est astigmatique.

Cela résulte de l'opération par laquelle on cherche à
opérer la coïncidence de l'image du disque solaire avec le
plan de la fente : en effet, pour effectuer ce réglage, on com-
mence par mettre le bord du disque solaire perpendiculairement à la fente et l'on avance ou recule la lentille collectrice jusqu'à ce que l'on voie avec netteté dans le plan
du réticule à la fois le bord du spectre et les raies spectrales :
on ne peut guère faire autrement, parce que, sous tout
autre angle avec la fente, le bord solaire serait plus ou moins
estompé suivant la largeur de la fente. Le réglage sous
l'angle normal est, au contraire, précis et facile à exécuter.

Mais, d'après ce que l'on vient de voir, si le réglage n'est
pas aplanétique, cette opération n'implique nullement la

coïncidence de l'image du disque solaire avec la fente : en
effet, les raies spectrales et le bord solaire étant perpendi-
culaires, si les foyers conjugués de ces deux directions
coïncident avec le plan du réticule, il est certain que la
coïncidence n'a pas lieu pour les lignes elles-mêmes. Il en
résulte que le plan focal de la lentille collectrice, c'est-
à-dire le plan focal de l'image solaire, est en deçà ou au delà
du plan de la fente : dans ces conditions, le faisceau qui
pénètre par la fente du collimateur est un mélange provenant d'une série de points de l'image du disque solaire
(*fig.* 6) situés entre S' et S″, et la série des points concou-

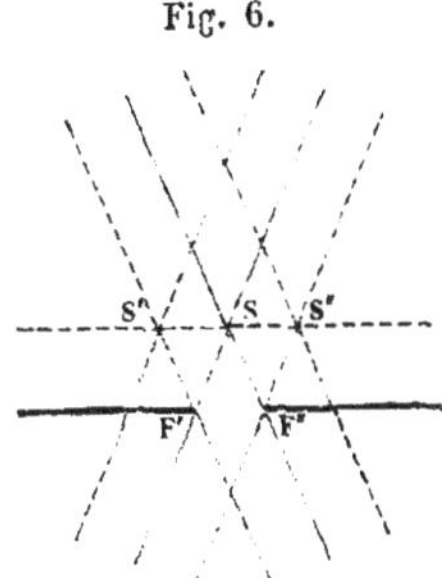

Fig. 6.

rant à la formation de ce faisceau sera évidemment
proportionnelle à la distance des deux plans ; or, au voisinage du bord solaire, la variation de l'intensité est
notable et elle est de sens inverse aux extrémités d'un
même diamètre ; donc, sans entrer dans de plus amples
détails, on reconnaît que les faisceaux qui pénètrent dans
le collimateur possèdent cette constitution dissymétrique
analysée plus haut : telle est l'explication de ces effets
de parallaxe, très petits il est vrai, mais de l'ordre des
déplacements qu'il s'agit d'observer.

Il reste maintenant à montrer que, si le spectroscope
possède le *réglage aplanétique*, les perturbations que l'on
vient de décrire sont sensiblement annulées.

En premier lieu, la cause même des parallaxes est détruite : le foyer d'un point est théoriquement le sommet d'un cône, au lieu d'être le tétraèdre compris entre les deux foyers linéaires rectangulaires : le foyer transversal n'existe donc plus. Toutefois on pourrait craindre, en raison de phénomènes secondaires (diffractions, aberrations), qu'une petite partie de l'effet perturbateur subsistât.

Mais la seconde cause d'erreur disparaît aussi ; en effet, le réglage de la coïncidence de l'image du disque solaire avec le plan de la fente était alors rigoureuse : il en résulte que les seuls points de l'image qui concourent à la production du faisceau pénétrant dans le collimateur se réduisent à ceux qui sont compris entre les bords de la fente ; dans ces conditions, la fente est si étroite ($\frac{1}{100}$ à $\frac{2}{100}$ de millimètre) que la variation d'éclat du disque solaire dans cet intervalle est insensible (le disque n'eût-il qu'un millimètre de diamètre) ; l'effet de l'inversion du sens de cette variation ne pourrait être que très petit par rapport à cette largeur de la fente : il est donc entièrement inappréciable.

Pour juger de l'ordre de grandeur de l'erreur que donne un faisceau astigmatique présentant une différence δ entre

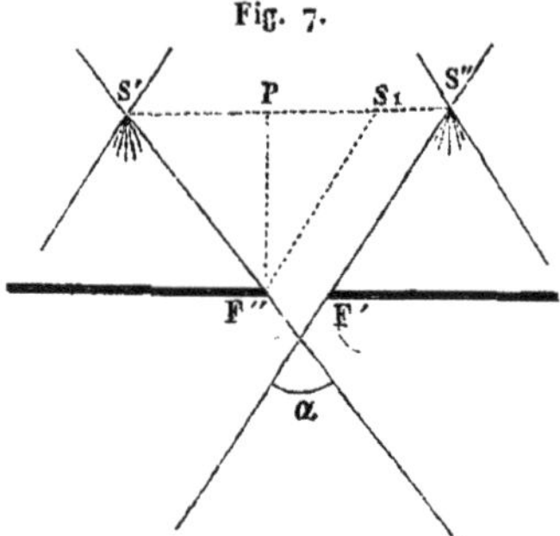

Fig. 7.

les foyers rectangulaires et une ouverture angulaire α du collimateur, calculons la longueur $S'S'' = x$ de la portion du diamètre solaire (*fig.* 7) perpendiculaire à la fente,

qui fournit des rayons au faisceau pénétrant dans la fente
F′F″ du collimateur ; on aura évidemment, en appelant φ
la largeur de la fente F′F″ et δ la distance F″P du plan
focal de l'image solaire S′S″ au plan de la fente,

$$S'S'' = F'F'' + S'S_1 \quad \text{ou} \quad x = \varphi + 2\delta.$$

Exemple numérique : $\alpha = \frac{1}{12}$ environ, $\varphi = \frac{1}{100}$ de millimètre; si δ atteint $0^m,010$, ce qui n'a rien d'exagéré avec
des objectifs de $1^m,50$ de foyer, on aura

$$x = \frac{1}{100} + \frac{10}{12} = \frac{1}{100} + 0,83 = \frac{1 + 83}{100}.$$

Il entrerait donc dans le collimateur des rayons provenant d'une région du disque 83 fois plus large que la fente :
tous les points n'envoient pas, il est vrai, une quantité de
lumière proportionnelle à leur éclat, et l'étendue moyenne
efficace est notablement plus faible ; mais on juge par là
de l'influence énorme de l'astigmatisme sur la composition
du faisceau pénétrant dans le collimateur. Le réglage aplanétique conduit à $\delta = 0$, c'est-à-dire réduit la région efficace du disque à la largeur de la fente.

En résumé, il résulte de cette discussion que le réglage
aplanétique du spectroscope est absolument nécessaire,
quel que soit le mode d'observation employé à la recherche
du déplacement astronomique des raies spectrales.

Disposition définitive. — Après avoir reconnu et éprouvé
les avantages du réglage aplanétique, appliqué au dispositif le plus simple de l'expérience, c'est-à-dire au cas où
l'on examine les bords équatoriaux du Soleil tangentiellement à la fente du spectroscope, j'ai été naturellement
conduit à chercher un dispositif pratique pour opérer rapidement la substitution des deux bords. La lentille collectrice placée sur une coulisse mobile, perpendiculairement à l'axe du collimateur, devait recevoir un mouvement
alternatif : des organes cinématiques très divers (crémail-

lères, excentriques, etc.) peuvent servir à produire ce mouvement; en essayant quelques-uns d'entre eux, je reconnus un fait physiologique important : c'est que le déplacement *rythmé* de la lentille collectrice rendait le phénomène beaucoup plus apparent; l'effet est tellement sensible, que le déplacement paraît avoir subi une véritable multiplication, si on le compare à celui qu'on observe par la brisure des raies.

La période du rythme n'est pas indifférente : elle ne doit être ni trop lente ni trop rapide (environ 2 à 3 oscillations simples par seconde); il faut donc que l'organe cinématique destiné à le produire soit facile à manier; par simplifications successives, j'arrivai à supprimer tout intermédiaire et à réduire l'opération à un simple mouvement de bascule, qu'on imprime au socle de la lentille collectrice par le moyen d'un levier. L'appareil a été décrit plus haut (p. 12 et *fig.* 2) : il suffit d'ajouter que l'extrémité L de ce levier M arrive sous la main de l'observateur; on le manœuvre donc sans cesse d'avoir l'œil au spectroscope. On n'a pas besoin, pour régler l'amplitude de l'oscillation, d'examiner l'image solaire sur la fente du collimateur : il suffit de suivre les variations de largeur du spectre; elle est maximum lorsque le centre est sur la fente, et se réduit à zéro lorsque les bords sont tangents; en deçà et au delà, on ne voit plus qu'un faible spectre, celui de la lumière diffusée par le ciel, le miroir, la lentille collectrice, etc. Dans la manœuvre du levier, on doit éviter les trépidations horizontales de la table qui pourraient déplacer légèrement les raies spectrales par l'élasticité des supports. Si l'on maintient le bras bien fixe et qu'on se serve d'une légère oscillation des doigts et du poignet pour effectuer le mouvement, comme le déplacement de l'extrémité du levier s'exécute suivant une verticale, c'est-à-dire dans une direction normale à celle qui causerait une trépidation fâcheuse, on parvient à faire

facilement l'observation quand même la table du spectroscope serait flexible. Il est utile de connaître cette cause
d'erreur, ce qui n'empêche pas d'ailleurs de prendre les
précautions nécessaires pour assurer la parfaite stabilité
de l'appareil.

**MODE PRATIQUE D'OBSERVATION POUR DISTINGUER LES RAIES
SOLAIRES DES RAIES TELLURIQUES.**

La distinction des raies solaires et des raies telluriques
devient alors immédiate, lors même que ces raies sont
tout à fait isolées ; à cet effet, on amène la raie considérée
près d'un repère, par exemple le fil vertical du réticule,
ou mieux l'un des inévitables petits grains de poussière
qui se fixent sur le fil horizontal ; la coïncidence avec ce
petit grain étant établie, on fait osciller le levier de la lentille collectrice, de manière à amener alternativement les
deux bords équatoriaux du disque solaire tangentiellement
à la fente. Si la raie est tellurique, elle reste absolument
fixe relativement au repère ; si elle est solaire, elle suit
les oscillations du levier et paraît se *balancer* suivant le
même rythme. Comme le balancement de la main et celui
des raies sont rectangulaires, l'observateur n'a aucune
prévention sur le sens correspondant des deux mouvements et, par suite, ne risque pas d'être le jouet d'une
illusion.

D'ailleurs, l'amplitude apparente du déplacement, visible dans mon appareil, était si grande qu'il ne pouvait y
avoir aucun doute ; il y a plus, le phénomène est si net,
qu'il n'est pas besoin de régler exactement l'image de l'équateur solaire perpendiculairement à la fente ; quelle que
soit l'orientation du disque solaire, on aperçoit toujours un
balancement, surtout si le diamètre de l'image est petit
par rapport à la dimension du champ de vision ; il en résulte qu'on peut la plupart du temps supprimer le prisme

hypoténuse, qui complique l'appareil et affaiblit la lumière. Ce résultat, un peu inattendu, s'explique, d'une part, par la sensibilité de notre œil pour les mouvements rythmés et ensuite par le mouvement de *pivotement* qu'exécute en outre chaque raie mobile pendant le balancement de l'image solaire, lorsque le diamètre équatorial n'est plus exactement parallèle à la fente.

Analyse du mouvement de pivotement des raies solaires. — Il suffit, en effet, de se reporter aux remarques faites plus haut sur l'obliquité des raies solaires, relativement aux raies telluriques, dans le cas étudié précédemment; on s'en rendra encore mieux compte en examinant le cas extrême le plus défavorable à l'observation du déplacement, où le diamètre équatorial est parallèle à la fente; c'est précisément le cas où le mouvement de pivotement est le plus considérable : une représentation géométrique en facilitera l'analyse.

Soit B'MAC' un cercle représentant un parallèle solaire (*fig*. 8); B'C' est un diamètre de ce cercle et BC la pro-

Fig. 8.

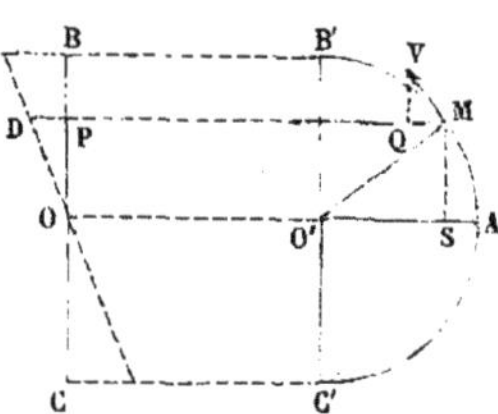

jection de ce diamètre; imaginons qu'on porte perpendiculairement, en chaque point P de cette droite BC, une longueur PD proportionnelle à la composante de la vitesse de rotation solaire dirigée vers l'observateur. On obtiendra ainsi une ligne représentative, qui donnera la mesure de la déviation des raies spectrales, fournie par la lumière issue de ce point.

Il est facile de voir que cette ligne est une droite; en effet, considérons le cercle $B'MAC'$, dont la corde BC est la projection; le point P est la projection d'un point M, qui décrit le cercle avec la vitesse angulaire ω; la vitesse du point M, dirigée suivant la tangente, a pour mesure $MV = \omega r$, r étant égal à $O'M$, rayon du parallèle, et la composante, dirigée vers l'observateur, est la projection

$$MQ = \omega r \cos\widehat{MVQ} = \omega \sin MO'S;$$

mais

$$r \sin MO'S = MS = OP;$$

par conséquent, la composante demandée est proportionnelle à OP; donc le lieu cherché est une droite dont le coefficient angulaire est proportionnel à r. Il en résulte que l'inclinaison de cette droite représentative varie avec la distance de la corde au diamètre équatorial, car $r = R\cos L$, R étant le rayon du disque et L la latitude du parallèle; elle va en diminuant comme $\cos L$: elle est donc maximum pour le diamètre équatorial, elle diminue lentement pour les parallèles voisins et tend rapidement vers zéro pour les parallèles se rapprochant du pôle.

Cette droite représentative n'a pas seulement une valeur de démonstration; l'inclinaison qu'elle présente figure justement l'inclinaison d'une raie spectrale solaire, lorsque le diamètre BC du parallèle considéré coïncide avec la fente du spectroscope dans l'image solaire projetée sur la fente (^{1}), car les ordonnées de cette droite sont proportionnelles aux déplacements, étant proportionnelles à la composante de la vitesse.

De ces considérations on conclut le résultat suivant, qui ne s'applique qu'au cas où le réglage est aplanétique :

(^{1}) On néglige ici l'influence de l'obliquité de l'équatorial solaire sur l'écliptique; l'inclinaison n'étant que de 7°, l'effet est négligeable.

Lorsque le diamètre équatorial de l'image solaire, supposée très petite, est parallèle à la fente, si l'on déplace le disque de manière que cette fente coïncide successivement avec toutes les cordes parallèles au diamètre équatorial, chaque raie solaire sur le spectre du disque paraîtra pivoter autour de son milieu.

L'inclinaison de la raie, nulle pour les cordes polaires, est maximum pour le diamètre équatorial.

Il n'est pas utile de pousser plus loin l'analyse géométrique de ce phénomène : ce qu'on vient de dire suffit pour montrer qu'avec une lentille collectrice à court foyer, même dans le cas le plus défavorable, on peut observer le déplacement caractéristique des raies solaires ; seulement, au lieu de se produire sur la ligne médiane, il se présente sur les bords du spectre.

Ces résultats démontrent l'avantage d'une lentille collectrice à court foyer, projetant une petite image du disque, lorsqu'il s'agit de la distinction des raies solaires dans le cas où l'orientation du disque solaire est défavorable.

Il n'est pas besoin de dire qu'il vaut beaucoup mieux se placer dans les conditions les meilleures, soit en utilisant le prisme hypoténuse ([1]), soit en attendant le moment (qui se présente à peu près toutes les six heures) où le diamètre équatorial de l'image solaire réfléchie par un héliostat est perpendiculaire à la fente du collimateur. Dans ce cas, la lentille de très court foyer n'est plus nécessaire ; les raies se déplaçant par translation, on a au contraire intérêt à les observer dans toute la hauteur du champ et l'emploi d'un plus long foyer devient avantageux.

([1]) Le prisme hypoténuse peut être logé dans l'intérieur du collimateur, ainsi que l'a indiqué récemment M. Thollon. Je n'ai pas employé ce dispositif qui aurait entraîné des complications dans mon appareil, surtout redoutant l'astigmatisme que peut produire cette réflexion : je reconnais cependant qu'avec une construction très soignée ce prisme intérieur peut rendre de grands services.

Particularités curieuses de l'observation. — Il se présente même alors un fait physiologique curieux : l'œil
perçoit le déplacement absolu des raies du foyer presque
sans avoir besoin de repère, et, ce qui est fort singulier, la
sensibilité pour le balancement des raies paraît maximum
un peu en dehors de la ligne de visée : cela rappelle,
dans un autre ordre d'idées, la sensibilité de l'œil dans la
perception sur le ciel des étoiles à côté de la région que
l'on regarde, étoiles qui s'effacent lorsqu'on cherche à les
viser directement.

Comme exemple de ce fait, on peut citer les raies D, dont
le balancement paraît toujours énorme lorsqu'elles sont au
bord du champ, l'examen portant sur des raies situées dans
la région centrale; vient-on à diriger le regard sur elles,
le balancement reprend les proportions ordinaires.

Je terminerai l'exposé de ces observations en rapportant
un autre phénomène physiologique concernant la vision
des raies oscillantes. Si l'on examine un groupe mixte, en
particulier le groupe $\lambda = 631$ dans la bande α lorsque les
raies telluriques sont faibles, on éprouve une singulière
illusion : au moindre balancement les raies mobiles paraissent se détacher en relief et osciller en avant du plan
des raies fixes; il est juste d'ajouter que les deux espèces
de raies n'ont pas le même aspect, ce qui contribue déjà
à les différencier; aussi l'œil, conformément à ses habitudes
de perspective, est-il porté à considérer les moins sombres
comme les plus éloignées et les plus sombres comme les
plus proches. Ce sont précisément les conditions de l'observation précitée.

Dans d'autres circonstances moins tranchées, l'illusion
de perspective s'affaiblit ou s'inverse.

Je pense qu'on ne doit pas dédaigner d'étudier toutes
ces singularités physiologiques qui paraissent en dehors
du phénomène considéré ; mais, comme notre œil est, en
définitive, l'organe qui nous révèle les faits, l'examen minu

tieux des impressions qu'il nous transmet peut servir à accroître la netteté de ces impressions. On en a vu un exemple dans l'emploi du déplacement rythmé des raies où l'on profite d'une propriété un peu imprévue de l'œil pour multiplier en quelque sorte la puissance de notre organe et rendre manifestes des impressions voisines de la limite de perception.

Détermination théorique et expérimentale de la grandeur du déplacement des raies. — On calcule aisément la grandeur du déplacement d'une raie spectrale de longueur d'onde donnée λ d'après le principe de M. Fizeau (*Bulletin de la Société Philomathique*, décembre 1848, et *Annales de Chimie et de Physique*, 4ᵉ série, t. XIX, p. 211). La longueur d'onde λ de la source devient

$$\lambda' = \lambda \left(1 - \frac{v}{V} \right),$$

v étant la composante des vitesses relatives de la source par rapport à l'observateur suivant la direction du faisceau reçu, et V la vitesse de la lumière. Dans le cas où l'on considère comme source le contour apparent du Soleil aux extrémités de l'équateur, le rapport $\frac{v}{V} = \frac{2}{300000}$, car la vitesse absolue du point de l'équateur solaire est égale très sensiblement à 2^{km} par seconde.

Le rayon solaire équatorial égale 108,6 fois le rayon terrestre de 6378^{km}, et la durée de la rotation solaire est de $25^j 4^j 29^m$, suivant l'*Annuaire du Bureau des Longitudes* pour 1884.

On en conclut aisément que le déplacement des raies spectrales dans le voisinage des raies D ($\lambda_1 = 589,40$, $\lambda_2 = 588,89$) est environ $\pm \frac{1}{150}$ de la distance de ces deux raies, suivant qu'on prend comme source le bord oriental ou le bord occidental de l'équateur solaire : le déplacement total atteint donc $\frac{1}{75}$ de cette distance.

Voici quelques observations directes faites pour contrôler ce résultat, au moment du maximum d'effet :

Observations du 16 février 1884.

Pointés croisés sur les raies D.

$$D_1 \ldots \ldots \quad 223^d,0 \qquad 293,6$$
$$D_2 \ldots \ldots \quad 454^d,0 \qquad 525,1$$
$$D_1\,D_2 = 231^d,0 \qquad 232,5$$

Moyenne.. $\quad 231^d,8$

Déplacement de la raie du nickel (Ni) rapportée aux deux raies telluriques contiguës (g et d) de $2^h 58^m$ à $3^h 5^m$, pointés croisés.

Différences des lectures.

Image solaire tangente

à gauche de la fente.		à droite de la fente.	
Ni$-g$.	$d-$N.	Ni$-g$.	$d-$Ni.
21,1	23,5	19,1	24,6
22,3	22,0	17,7	26,4
21,6	22,4	19,3	25,7
21,7	22,6	18,7	25,6

Déplacement doublé $(21,7 - 18,7) = 3^d,0.$
» $\qquad (25,6 - 25,6) = 3^d,0.$

Le double déplacement en fonction de la distance des raies D est donc égal à

$$\frac{3,0}{230,8} = \frac{1}{77,3},$$

c'est-à-dire bien rapproché du chiffre théorique.

L'appareil n'avait pas assez de stabilité pour permettre d'effectuer des vérifications plus complètes.

DEUXIÈME PARTIE.

ÉTUDE DES GROUPES A, B ET SPÉCIALEMENT DU GROUPE α D'ANGSTROM.

Si l'on range les principaux groupes telluriques décrits ci-dessus suivant l'ordre d'éclat du champ sur lequel ils apparaissent, le groupe des raies aqueuses voisines de D est le premier, et le groupe α vient immédiatement après. Ce groupe, situé dans l'orangé, entre D et C, est visible même sous une forte dispersion, jusqu'à ce que le Soleil atteigne l'horizon : on pouvait donc en faire une étude complète à peu près à toutes les hauteurs du Soleil.

En été, aux environs de midi, les raies qui le composent sont assez faibles pour qu'il soit difficilement reconnaissable par lui-même : quelques lignes solaires, dont l'éclat est indépendant de l'épaisseur atmosphérique traversée par le faisceau lumineux, subsistent presque seules et modifient complètement l'aspect du groupe : à mesure que le Soleil descend vers l'horizon, les raies telluriques noircissent, atteignent successivement l'éclat des raies solaires et finissent même par dépasser les plus fortes lorsque le Soleil n'est plus qu'à quelques degrés de l'horizon ; toutefois, l'observation devient difficile lorsque le ciel n'est pas très pur : s'il y a de la brume, la région s'assombrit, les détails s'effacent et l'observation devient impossible, faute de lumière. Si l'on diminue beaucoup la dispersion, alors le groupe paraît se réduire à une ligne unique qu'on peut confondre aisément avec la raie C, d'autant que C s'enveloppe de raies telluriques qui en modifient l'apparence.

Dans les jours bien clairs, au contraire, on suit la progression indiquée ; mais le groupe se complique bientôt de raies nouvelles qui, très rapidement, prennent un éclat

extraordinaire, après avoir été presque invisibles durant
la plus grande partie de la journée.

En résumé, les groupes situés entre α, C et B revètent
des aspects très divers, suivant la hauteur du Soleil : aussi
les premiers relevés micrométriques que j'effectuai sur les
lignes qui les composent me donnèrent-elles l'impression
pénible qu'on éprouve lorsqu'on se voit attelé à une be-
sogne compliquée sans grand espoir d'en tirer quelque
résultat net ou élégant.

C'est à l'étude du groupe α que j'ai consacré le plus
d'efforts : les résultats obtenus ayant permis d'en démêler
la constitution, j'ai été conduit à examiner aussi en détail
les bandes B et A, avec les réseaux dont je disposais. Il a
fallu modifier les méthodes ordinaires de réduction numérique des observations ; j'insisterai un peu longuement sur
les modifications qui permettent d'utiliser toute la puissance dispersive de ces réseaux, et je décrirai deux méthodes de réduction applicables aux observations faites
avec un spectroscope de grandes dimensions, non muni du
cercle gradué.

La première méthode ne met en œuvre que la valeur
angulaire du micromètre, la constante approchée du réseau
et la connaissance de la longueur d'onde d'une seule raie
du groupe étudié ; on peut l'appeler *méthode du facteur
de réduction*, parce que l'on calcule *a priori* le facteur qui
permet de réduire en longueur d'onde les pointes micrométriques.

La seconde méthode, applicable lorsque l'on connaît la
longueur d'onde d'un certain nombre de raies, est une
simple *méthode d'interpolation*.

MÉTHODES DE MESURE.

1° *Méthode du facteur de réduction.*

Il est bon de décrire cette méthode avec quelques détails, parce qu'elle s'applique au cas où le réseau n'est pas installé sur un cercle gradué susceptible de donner des mesures de précision. Ce cas se présentera de plus en plus à mesure que la construction des réseaux se perfectionnera : il est probable, en effet, que ces réseaux, tracés sur des surfaces de métal de miroir, seront de plus en plus larges et pesants; ils nécessiteront des lunettes dont le pouvoir optique et par conséquent les dimensions seront assez considérables pour qu'on renonce à les monter sur des goniomètres à cercles gradués.

On arrivera donc, par nécessité ou au moins par économie, à prendre le parti que j'ai été obligé d'adopter pour utiliser le beau réseau de M. Rowland, c'est-à-dire à installer l'appareil sur une table sur laquelle on fixe le collimateur et la lunette, et de se borner, comme appareil de précision, à un micromètre à fil.

Cette installation économique peut, à la rigueur, ainsi qu'on le verra, suffire pour dresser des cartes spectrales, avec tous les détails que comporte la dispersion du réseau : elle permet des *mesures différentielles* très précises ; elle conduit même à des *déterminations absolues* lorsqu'on connaît des repères avec une précision suffisante.

La précision des repères est inférieure à celle des pointés différentiels qu'on obtient avec l'appareil décrit ci-dessus, parce que les goniomètres ordinaires des cabinets de Physique sur lesquels on peut placer ces beaux réseaux ont un pouvoir optique insuffisant. Lorsqu'on voudra aller plus loin que l'approximation dont j'ai dû me con-

tenter, on sera probablement arrêté par des difficultés
analogues à celles que j'ai rencontrées (¹).

On sera donc dans l'alternative inévitable, ou de perdre
de la précision par l'emploi d'un appareil différenciel, ou
de la perdre par les erreurs survenant dans la détermination absolue.

FORMULES RELATIVES AU SPECTROSCOPE DÉCRIT CI-DESSUS.

L'appareil, comme on l'a vu plus haut, ne comporte
aucun cercle gradué; il comprend, outre le réseau, un collimateur et une lunette munie d'un micromètre à fil. Les
axes optiques principaux de ces deux instruments sont
inclinés d'un angle voisin de 43°, calculé par la condition
que certaines raies du spectre du deuxième ordre soient dif-
fractées normalement au plan du réseau.

L'axe optique du collimateur est fixe et bien défini : c'est
la droite qui joint le milieu de la fente au centre optique
de l'objectif. Au contraire, l'axe optique de la lunette,
bien que le corps cylindrique de l'instrument soit égale-

(¹) Dès que je fus en possession du réseau Rowland, je l'installai sur la
plate-forme centrale du goniomètre Brunner appartenant au laboratoire de
Physique de l'École Polytechnique et dont j'ai eu plusieurs fois l'occasion
de signaler la précision.

A ma grande surprise je trouvai des erreurs atteignant parfois 3o″, 4o″
et même 9o″ dans la mesure des incidences, c'est-à-dire huit à dix fois
l'ordre de grandeur que comportaient d'ordinaire les pointés avec cet
instrument.

Après divers essais, je reconnus que ces erreurs venaient probablement du poids, et par suite du moment d'inertie du réseau : le frottement
des axes emboîtés, celui des pinces de serrage ne suffisaient pas à le main-
tenir fixe; à chaque mouvement de l'alidade, la pince de serrage cédait
d'une petite quantité dans le sens du mouvement.

Ce cercle, qui n'avait jamais présenté de semblables anomalies aupara-
vant, dut être examiné minutieusement par le constructeur : la plate-forme
et la pince de serrage furent modifiées; depuis, ces grosses erreurs ne se
sont plus montrées, mais la charge produite par ce lourd réseau sur la
plate-forme exige une bien plus grande délicatesse dans la manœuvre de
l'appareil.

ment fixe, peut être considéré comme indéterminé ; c'est
la droite qui joint le centre optique de l'objectif à la
croisée du fil du réticule : comme le fil vertical est mobile,
l'axe optique *secondaire* dépend donc de la position ou
coordonnée x de ce fil.

Il n'y a aucun intérêt à déterminer l'axe optique principal de la lunette dont les propriétés ne se distinguent en
rien de celles des axes optiques secondaires.

Il résulte de ces remarques que l'angle des axes optiques
des deux instruments n'est déterminé que si l'on se donne
la coordonnée x du fil mobile, coordonnée exprimée en
tours et fractions de tour de la vis micrométrique qui le
mène.

Si l'on connaît la valeur angulaire q d'un tour de
cette vis, il suffira de déterminer l'angle φ_0 des deux axes
correspondant à une position x_0 du fil pour en conclure
l'angle φ correspondant à une position x quelconque de ce
fil ; on aura en effet (vu l'exiguïté du champ qui se réduit
à quelques minutes d'angle)

$$(1) \qquad\qquad \varphi = \varphi_0 - q(x - x_0),$$

q étant l'angle sous-tendu au centre optique de l'objectif
par le déplacement du fil correspondant à un tour de vis :
le signe — adopté ici provient de ce que le sens des x
positifs (de gauche à droite) correspond ici à une diminution de φ (*fig.* 9).

Soient

OC la direction de l'axe optique du collimateur ;
OL celle de la lunette ;
ON celle de la normale au plan du réseau.

En appelant l'angle d'incidence $i = \text{NOC}$, l'angle de
diffraction $\partial = \text{NOL}$, l'angle des deux axes optiques

$$\varphi = \text{LOC},$$

on aura

$$(2) \qquad i = \varphi + \delta,$$

et la relation bien connue qui lie dans les réseaux plans l'angle d'incidence à l'angle de diffraction

$$(3) \qquad \sin i + \sin \delta = \frac{m\lambda}{a},$$

a étant la constante du réseau (intervalle moyen de deux traits consécutifs) et m l'ordre du spectre de diffraction observé.

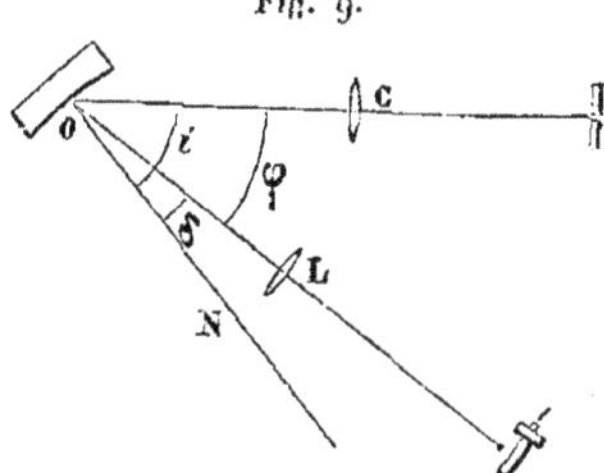

Fig. 9.

Éliminant i, qu'on ne mesure pas directement, et remplaçant la somme des sinus par un produit, il vient

$$2 \sin \left(\frac{\varphi}{2} + \delta \right) \cos \frac{\varphi}{2} = \frac{m\lambda}{a},$$

expression qui sera employée pour calculer δ lorsque φ, λ, m et a seront connus, en les mettant sous la forme

$$(4) \qquad \sin \left(\frac{\varphi}{2} + \delta \right) = \frac{m\lambda}{2a \cos \frac{\varphi}{2}}.$$

OPÉRATIONS A EFFECTUER.

La première opération consiste à déterminer l'angle φ_0 correspondant à une position x_0 du fil du micromètre. On y parvient en observant une région du spectre (solaire ou autre) offrant des raies facilement reconnaissables et dont les longueurs d'onde sont bien déterminées; pour éviter toute mesure directe d'angle, on fera cette observation pour une incidence telle, que les faisceaux diffractés soient sensiblement normaux à ce plan du réseau.

Soit λ_0 la longueur d'onde de la raie réelle ou idéale qui, diffractée normalement au plan du réseau, correspond au point x_0. Dans ce cas on a rigoureusement $\delta = 0$: il reste donc $i = \varphi$.

Substituant dans la formule (3), il vient

$$\sin \varphi_0 = \frac{m_0 \lambda_0}{a},$$

m_0 étant l'ordre du spectre observé ([1]).

La seconde opération consiste à amener dans le champ de la lunette, en tournant le réseau, la région qu'on veut relever au micromètre; on fixe le réseau dans la position qui place au milieu du champ une raie dont la longueur d'onde λ_1 est connue d'avance.

Soient

x_1 le pointé sur λ_1 :
δ_1 la déviation de cette raie;
m_1 l'ordre du spectre observé.

On calculera δ_1 à l'aide de la formule (4)

$$\sin\left(\frac{\varphi_1}{2} + \delta_1\right) = \frac{m_1 \lambda_1}{2a \cos \dfrac{\varphi_1}{2}},$$

([1]) On peut profiter de cette première opération pour déterminer la valeur q angulaire du tour de vis du micromètre en pointant quelques-unes des raies du champ : comme ces raies sont voisines de l'angle de diffraction normale, on a la relation très simple (9) et (10), qu'on démontre plus loin.

$$d\lambda = \frac{a}{m} d\delta = \frac{aq}{m} dx.$$

expression qui suppose que l'on connaît une valeur approchée de la constante a du réseau.

L'angle φ_1 est l'angle de l'axe optique secondaire de la lunette, défini par la position x_1 de la raie λ_1 avec l'axe du collimateur : il est donné par la formule (1)

$$\varphi_1 = \varphi_0 - q\,(x_1 - x_0);$$

par suite, tout est connu dans l'expression ci-dessus, sauf δ_1 qui est ainsi déterminé (¹).

La troisième opération, ou opération principale, est le relevé micrométrique des raies visibles dans le champ de la lunette ; à cet effet, on détermine chaque raie par un point x qui définit la distance de cette raie au repère λ_1 ; dans cette opération le réseau reste fixe, $i =$ const., la déviation δ correspondant à x varie avec la raie pointée λ.

Grâce à l'exiguïté du champ, qui n'a que quelques minutes d'étendue angulaire, on peut considérer les distances micrométriques $x - x_1$, les distances angulaires $\delta - \delta_1$, par suite les différences $\lambda - \lambda_1$, comme des variations infiniment petites de x, de δ et de λ, c'est-à-dire comme des différentielles, et écrire

$$x = x_1 + d.x_1, \quad \delta = \delta_1 + d\delta_1, \quad \lambda = \lambda_1 + d\lambda_1.$$

Ces variations sont liées par les relations suivantes, qu'on obtient en différentiant les équations (1), (2) et (3); l'équation (3), écrite ainsi

$$\sin i_1 + \sin \delta_1 = \frac{m\lambda_1}{a},$$

(¹) Si l'on ne connaissait pas la constante du réseau, on pourrait se passer de la détermination de cette constante en disposant un cercle gradué donnant la minute pour supporter le réseau : alors on mesurerait directement δ_1 à l'ordre d'approximation suffisante pour les calculs ultérieurs.

Il est facile de voir qu'avec le même cercle gradué les deux opérations sont équivalentes; de sorte qu'on peut employer ce cercle soit à la mesure approchée de a, soit à la mesure approchée de δ_1, et finalement on calcule a et δ_1.

donne d'abord, en y faisant $di = 0$,

$$\cos\delta_1\, d\delta_1 = \frac{m}{a}\, d\lambda_1 \, ;$$

on en tire

$$(5) \qquad d\lambda_1 = \frac{a}{m_1} \cos\delta_1\, d\delta_1.$$

D'autre part, la relation (2) différentiée donne

$$d\varphi + d\delta = 0 \, ;$$

d'où l'on conclut (ce qui est évident sur la figure) que les variations de δ sont égales et de signe contraire aux variations angulaires correspondant aux déplacements du réticule.

Enfin la relation (1) donne

$$\varphi = \varphi_0 - q\,(x - x_0) \, ;$$

on aura donc

$$d\varphi = - q\, dx$$

et par suite

$$(6) \qquad d\lambda_1 = + \frac{aq}{m} \cos\delta_1\, dx_1,$$

expression qui permet de réduire en longueur d'onde les pointés micrométriques effectués sur les diverses raies dans le voisinage du repère λ_1.

On désignera, pour abréger, par *facteur de réduction* la quantité

$$(7) \qquad R = + \frac{aq}{m} \cos\delta_1,$$

qui ramène (6) à la forme

$$(8) \qquad d\lambda_1 = R\, dx.$$

Les formules (5) et (6), dans le cas où δ_1 est voisin de zéro, se simplifient, puisque $\cos \delta_1 = 1$,

$$(9) \qquad d\lambda_1 = \frac{a}{m_1} \, d\delta_1,$$

$$(10) \qquad d\lambda_1 = \frac{aq}{m} \, dx_1;$$

ce sont celles qu'on emploie dans la première opération pour déterminer la valeur angulaire q du tour de vis.

Remarque. — Le même coefficient de réduction sera applicable dans un champ d'autant plus étendu que δ_1 sera plus voisin de zéro; en effet, au voisinage de $\delta_1 = 0$, $\cos \delta_1$ passe par un maximum et reste constant dans une très grande étendue angulaire ([1]).

Comme on est maître de l'angle φ dans l'installation de l'appareil, on le choisira de manière que δ soit un petit angle. Il résulte de ce choix des simplifications notables non seulement dans le calcul des réductions, mais même dans la méthode d'observation; en effet, si $\cos \delta_1$ varie peu avec δ_1, une petite erreur sur δ_1 n'aura pas d'influence sur le facteur R.

Dès lors la valeur de φ_1 ou celle de φ_0 n'a pas besoin de les déterminer avec une extrême rigueur ; quelques secondes, souvent même plusieurs minutes d'erreur, n'auront qu'un effet négligeable.

On en conclut aussi qu'un léger défaut de stabilité dans l'appareil, modifiant de quelques secondes l'angle φ_0 des axes optiques, ne présente aucun inconvénient appréciable lorsque δ_1 est très petit.

Mais cette stabilité doit être parfaite pendant le relevé

([1]) Si l'on veut, par exemple, que le facteur $\cos \delta_1$ ne varie pas de $\frac{1}{1000}$ de sa valeur, on en conclut $\cos \delta_1 = 1 - \frac{1}{1000}$, $0,999$; d'où l'on tire

$$\log \cos \delta_1 = \overline{1},99957 \quad \text{et} \quad \delta_1 = \pm 2°,33'.$$

Donc, dans un intervalle de $2° 30'$ de part et d'autre de la position de diffraction normale ou dans une étendue totale de plus de $5°$, le facteur de réduction reste constant à un millième près de sa valeur.

micrométrique, car toute variation acccidentelle du repère dx_1 entraîne une erreur correspondante $d\lambda_1$. Des variations légères, mais continues, se présentent quelquefois; on les élimine par des lectures croisées, c'est-à-dire répétées en ordre inverse; mais ces variations n'affectent pas le facteur de réduction.

DÉTERMINATION EXPÉRIMENTALE DES QUANTITÉS QUI ENTRENT DANS LE FACTEUR DE RÉDUCTION.

1° *Angle des axes optiques de la lunette et des collimateurs.*

Réglage préalable. — On tourne le réseau autour de l'axe vertical de la plate-forme (¹) sur lequel il est fixé, de manière à le rendre normal à l'axe optique de la lunette. A cet effet, on enlève l'oculaire et même au besoin toute la pièce oculaire, et l'on envoie, à l'aide d'une glace sans tain, un faisceau de lumière dans l'axe de la lunette : l'apparition de points brillants sur l'objectif témoigne que le faisceau est bien dirigé : l'illumination de la surface du réseau, surtout dans la partie non striée, permet de constater que le réseau est presque normal à l'axe optique; on replace alors le micromètre, et avec une loupe de foyer convenable on cherche, à travers la glace sans tain, l'image du fil du réticule amené au milieu du champ. On établit la coïncidence du fil et de l'image en tournant convenablement le réseau et en réglant le tirage de la lunette.

Finalement on remet l'oculaire, on éclaire la fente du collimateur par un rayon de lumière solaire et l'on relève

---

(¹) Cette opération montre comment l'installation de l'appareil doit être conduite. La plate-forme, plus ou moins improvisée, doit tourner autour d'un axe perpendiculaire à la table sur laquelle la lunette et le collimateur sont fixés; les axes optiques de ces deux pièces sont rendus sensiblement parallèles à la table.

avec le fil du micromètre les raies principales visibles dans
le champ. Les pointés sur les raies dont les longueurs
d'onde sont connues permettent, par un calcul de parties
proportionnelles, de déterminer la longueur d'onde λ_0 correspondant à la fonction x_0 du fil en coïncidence avec son
image. On en conclut l'angle φ_0 des deux axes par l'application de la formule (3).

2° *Valeur angulaire du tour de vis du micromètre à fil.*

Le relevé des raies du spectre solaire qu'on vient d'effectuer permet en outre de déterminer la valeur angulaire
q du tour de vis si les longueurs d'onde de ces raies sont
exactement connues : en effet, la formule (6) donne, dans
le cas où ∂_1 est voisin de zéro (10)

$$d\lambda_1 = \frac{aq}{m_1}\,dx_1$$

ou

$$\lambda' - \lambda'' = \frac{aq}{m_1}\,(x' - x''),$$

m_1 étant l'ordre du spectre observé : on en tire la valeur
(exprimée en tours de vis) correspondant aux pointés des
raies λ', λ''.

On voit que la valeur de la constante a du réseau n'a
pas besoin d'être connue explicitement pour l'emploi des
formules (6) ou (10); elle n'est utile que pour la détermination de q et pour le calcul de φ et de ∂ ; comme ces deux
angles n'exigent pas une précision comparable à celle des
pointés micrométriques, on peut se contenter pour a d'une
valeur approchée.

3° *Valeur approchée de la constante du réseau.*

D'après ce qu'on vient de dire, il suffit de déterminer la
constante a du réseau dans des conditions de précision or-

dinaire, c'est-à-dire en mesurant les angles à moins d'une
minute près. Les incertitudes que peuvent entraîner l'installation et la manœuvre de ces lourds réseaux en métal
n'ont donc pas d'inconvénient dans la méthode actuelle.

L'opération consiste à mesurer la déviation des spectres
de différents ordres de la lumière de la soude par exemple,
dont les longueurs d'onde sont prises comme point de
départ.

EXEMPLE NUMÉRIQUE.

1° *Valeur angulaire du tour de vis.* — Observations du
16 août 1884. Réseau Rowland. Lunette : distance focale,
$1^m,40$; tirage de l'oculaire (origine arbitraire), $4^{cm},20$.

Relevé sous l'incidence sensiblement normale de cinq raies du
spectre du second ordre, dont voici les valeurs, empruntées
à mon Mémoire sur les raies telluriques [1] :

λ.	600,20.	600,76.	601,57.	602,09.	602,62.
	tours	tours	tours	tours	tours
x........	0,669	2,803	5,970	7,964	10,006
x........	0,720	2,869	5,985	7,976	10,004
x........	0,735	2,873	6,013	8,009	10,043
x........	0,744	2,898	6,031	8,005	10,068

Prenant les moyennes des deux lignes consécutives, de manière à éliminer la petite variation avec le temps :

λ.	600,20.	600,76.	601,57.	602,09.	602,62.
	tours	tours	tours	tours	tours
x........	0,695	2,836	5,978	7,970	10,005
x........	0,728	2,871	5,999	7,993	10.024
x........	0,740	2,886	6,022	8,007	10,056
Moy...	0,721	2,864	6,000	7,990	10,028

λ.	600,20.	600,76.	601,57.	602,09.	602,62.	Somme.
	tours	tours	tours	tours	tours	tours
dx......	0,000	2,143	5,279	7,269	9,307	23,998
$d\lambda$......	»	0,56	1,37	1,89	2,42	6,24

---

[1] *Journal de l'École Polytechnique,* LIII° Cahier, p. 175.

L'application de la formule (10) donne

$$aq = m \frac{\Sigma(\lambda' - \lambda'')}{\Sigma(x' - x'')} = \frac{2 \times 6,24}{23,998},$$

d'où

$$\log aq = \bar{1},71604;$$

comme on a (*voir* plus loin, p. 52),

$$\log a = 3,24530,$$

on en tire

$$\log q = \bar{1},47074, \quad (q)'' = \frac{q}{\sin 1''} = 60'',977,$$

$$\log (q)'' = 1,78517.$$

La constante a du réseau qui figure dans la valeur de aq est exprimée, comme les longueurs d'onde, en millionièmes de millimètre.

Remarque. — Il ne faut pas oublier que cette valeur de q cor respond au tirage $4^{cm},20$ pour un autre tirage; cette valeur doit être multipliée par le rapport inverse des distances focales.

2° *Calcul de l'angle* φ_0 *des axes optiques de la lunette et du collimateur.* — Le fil coïncidait avec son image par réflexion normale à la lecture $x_0 = 7^{tours},116$ du micromètre. Dans la même incidence, la raie $\lambda = 600,20$ du spectre du second ordre était dans le champ; le fil était en coïncidence avec elle pour la lecture $7^{tours},636$ (le. lectures croissent dans le même sens que les longueurs d'onde).

On pourrait négliger la différence des deux pointés qui ne diffèrent que de $dx = 0^{tour},520$ ou environ une demi-minute; mais la réduction est si facile, qu'il vaut mieux appliquer la règle; cherchons donc quelle est la longueur d'onde de la raie fictive correspondant au point $7^{tours},116$ qui définit l'axe optique de la lunette : on appliquera la formule (10), puisque $\cos \delta = 1$; on aura d'ailleurs $m = 2$,

$$d\lambda = \frac{aq}{2} dx;$$

on en tire

$$d\lambda = -0,135,$$

d'où

$$\lambda_0 = 600,200 - 0,135 = 600,065,$$

avec

$$m_0 = 2.$$

On déduit de cette coïncidence l'angle φ que font entre eux les axes optiques du collimateur et de la lunette,

$$\sin \varphi_0 = \frac{m_0 \lambda_0}{a}.$$

La valeur de a a été déduite d'une série assez nombreuse de déterminations faites en novembre 1883, à l'aide d'un grand goniomètre Brunner, appartenant au Laboratoire de Physique de l'École Polytechnique [1]. Les chiffres étaient très concordants; j'ai adopté la moyenne :

$$\log a = 3,24530, \quad (a = 1759,13 = 0^{mm},0017591 3);$$

d'où l'on tire

$$\varphi_0 = 43° 1' 8''.$$

---

[1] Voici l'une de ces déterminations (22 novembre 1883) qui donne trois valeurs de a, reproduisant précisément la valeur moyenne adoptée : elle comprend l'observation de la raie D_2 de la soude ($\lambda = 588,89$, valeur donnée par Ångström) dans trois spectres : on emploie la formule (2), dans laquelle on pose

$$i + \delta = \Delta_m \quad \text{ou} \quad \delta = \Delta_m - i,$$

parce qu'on rapporte les déviations au faisceau réfléchi; par suite,

$$\sin i + \sin(\Delta_m - i) = \frac{m\lambda}{a}$$

ou

$$2\sin\left(\frac{\Delta_m}{2}\right)\cos\left(i - \frac{\Delta_m}{2}\right) = \frac{m\lambda}{a},$$

expression calculable directement par logarithmes.

	Pointés.	D'où l'on conclut.	Et par calcul logarithmique.
Faisceau direct...............	89.59.56″	180° − 2i = 99.14.38″	
Faisceau réfléchi...........	350.45.18	i = 40.22.41	
1er spectre de gauche......	29.39. 0	Δ_{-1} = − 38.54.42	$\log a$ = 3,24531
1er spectre de droite.......	328.37. 9	Δ_{+1} = + 22. 8. 9	3,24525
2e spectre de gauche.....	309. 8.15	Δ_{+2} = + 41.37. 3	3,24533
		Moyenne.........	$\log a$ = 3,2453

3° *Calcul du facteur de réduction.* — Je prendrai comme exemple une partie du groupe α dans le spectre du troisième ordre. La raie choisie comme repère dans cette région est définie par la longueur d'onde $\lambda_1 = 627,67$, ainsi qu'il résulte d'une série d'observations faites avec le réseau Rutherfurd dont il a été question précédemment.

Cette raie a été amenée dans le champ de la lunette, et le pointé sur elle a donné $0^{tour},940 = x_1$. Appliquant la formule (1), on aura, pour l'angle φ_1 correspondant à ce pointé,

$$\varphi_1 = \varphi_0 - (q)''(x_1 - x_0),$$

expression dans laquelle on substituera les données ou résultats précédents

$$\varphi_0 = 43°1'8'', \quad \log(q)'' = 1,78517, \quad x_0 = 7,116.$$

Comme φ_0 est exprimé en degrés, minutes et secondes sexagésimales, les deux membres de la formule (1) ont été divisés par $\sin 1''$, de sorte que q est remplacé par

$$(q)'' = \frac{q}{\sin 1''}.$$

On en déduit

$$\varphi_1 = 43°1'8'' + 6'18'' = 43°7'26''.$$

Connaissant φ_1, on calculera δ_1 par la formule (4)

$$\sin\left(\frac{\varphi_1}{2} + \delta_1\right) = \frac{m_1 \lambda_1}{2a\cos\left(\frac{\varphi_1}{2}\right)};$$

substituant,

$$m_1 = 3, \quad \lambda_1 = 627,67, \quad \log a = 3,24530$$

et

$$\varphi_1 = 43°7'26''.$$

on trouve

$$\delta_1 = 13°34'14''.$$

Le facteur de réduction se calcule par la formule (7), qui donne

$$R = \frac{aq}{m_1}\cos\delta_1,$$

d'où l'on déduit

$$\log R = \overline{1},22662, \quad R = 0,16851.$$

On remarquera que ce facteur n'est valable que dans le voisinage de λ_1.

Si δ_1 était voisin de zéro, on n'aurait aucune crainte de l'appliquer dans un intervalle de plusieurs degrés (*voir* ci-dessus); mais ici, où cet angle est de $13°34'14''$, on peut se demander quelle est l'étendue angulaire dans laquelle la formule (8)

$$d\lambda = R\,d.r$$

est applicable.

Il faut remarquer que les pointés micrométriques ne sont guère exacts à plus de $\frac{1}{100}$ de tour du micromètre. Le champ total comprenant environ 10 tours, l'approximation de $\frac{1}{1000}$ est la limite extrême qu'on peut demander. Cherchons donc entre quelles limites δ_1 doit être compris pour que R, c'est-à-dire $\cos\delta_1$, ne varie pas de $\frac{1}{1000}$.

On a

$$\log\left(1 + \frac{1}{1000}\right) = 0,00043 ;$$

or $\log\cos\delta$ aux environs de $13°34'$ varie de $0,00003$ pour un accroissement de $1'$.

Donc δ peut varier de $\frac{43}{3} = 14'$, c'est-à-dire presque une fois et demie l'étendue du champ, sans que $\cos\delta$ varie de $\frac{1}{1000}$ de la valeur.

La valeur de R ainsi calculée pourra donc actuellement servir pour la réduction des pointés de toutes les raies du champ où λ_1 sert de repère direct, et même pour toutes les raies du groupe α; car l'approximation du $\frac{1}{1000}$ sur les dx est bien supérieure à celle que l'on conserve pour les valeurs de λ déduites de ces relevés.

Du reste, il est, en général, utile de se ménager d'autres repères, à titre de vérification, de manière à comparer le résultat obtenu par le relevé micrométrique et le chiffre obtenu par une détermination directe.

Calcul de proche en proche du facteur de réduction. —

On pourrait à la rigueur, en l'absence de repères suffisamment rapprochés, calculer les longueurs d'onde des raies provenant de relevés micrométriques successifs dans un intervalle angulaire relativement considérable, par l'emploi réitéré de la méthode que l'on vient d'exposer.

Ainsi, partant du repère λ_1 qui donne φ_1, δ_1 et le coefficient de réduction R_1, on calculera la longueur d'onde λ_2 et δ_2 d'une certaine raie commune à la série des pointés et à la suivante : cette raie, dans la nouvelle série, occupera dans le champ la position définie par le pointé x_2 ; on pourra donc calculer φ_2 par la formule (1)

$$\varphi_2 = \varphi_0 - (q)''(x_2 - x_0),$$

de là déduire δ_2 par la formule (4) et finalement R_2. Ce coefficient de réduction servira à calculer la longueur d'onde de toutes les raies de la série, y compris une certaine raie λ_3 commune à la série présente et à la suivante. Cette raie λ_3 occupera la position x_3 dans le champ de la lunette lors de cette troisième série : ces deux données λ_3 et x permettront donc de calculer φ_3, δ_3, R_3 et ainsi de suite.

On voit que la précision de ces calculs de proche en proche n'est limitée que par l'exactitude avec laquelle on connaît la valeur angulaire des tours de vis du micromètre et par la stabilité des instruments.

Correction de la valeur angulaire du micromètre avec la longueur focale. — Il est utile de faire remarquer que, dans une grande étendue, le défaut inévitable d'achromatisme des objectifs ou la courbure du réseau conduit à modifier légèrement la mise au point pour conserver la netteté des raies dans le plan du réticule. Cette modification entraîne une correction à la valeur angulaire du tour de vis : en effet, soient q cette valeur correspondant à une distance focale F et q' pour une distance F', on aura évidemment

$$F q = F' q' \quad \text{ou} \quad \frac{q'}{F} = \frac{q}{F'} = \frac{q' - q'}{F - F'},$$

d'où l'on tire

$$q' - q = \frac{F - F'}{F}\, q'$$

et

$$q' \left(1 + \frac{F' - F}{F} \right) = q.$$

Or $F' - F$ représente la différence des tirages de la pièce que porte le micromètre à fil ; si donc on appelle t et t' les lectures de la graduation (gravée sur le tube de tirage) qui définit la position des micromètres, on aura

$$t' - t = F' - F\,;$$

on l'exprimera avec la même unité que F et la graduation croissant dans le même sens.

La fraction $\dfrac{t' - t}{F}$ sera généralement un nombre très petit dont on pourra négliger le carré devant l'unité : on aura donc

$$q' = q \left(1 - \frac{t' - t}{F} \right),$$

correction facile à appliquer et qui sera souvent négligeable.

DEUXIÈME MÉTHODE. — MÉTHODE D'INTERPOLATION.

C'est la méthode à recommander lorsqu'on possède des déterminations suffisamment précises de repères assez rapprochés. La méthode du *facteur de réduction* est un peu complexe lorsqu'on veut l'appliquer en toute rigueur, mais elle a l'avantage de donner avec une grande exactitude, sinon les valeurs absolues, du moins les différences de longueur d'onde des raies d'un groupe qu'on veut étudier, par le calcul *a priori* du facteur de réduction : elle sert donc en tout cas de contrôle.

En effet, on reconnaît aisément que les pointés effectués avec un micromètre à fil, au foyer d'une lunette présentant une grande distance focale, offrent une précision beaucoup plus grande que les mesures angulaires effectuées avec un goniomètre à vernier muni de lunettes à faible distance focale.

Mais, d'autre part, si le goniomètre ne donne pas des pointés différentiels aussi précis, il a l'avantage de donner, par des calculs *indépendants,* la longueur d'onde absolue des raies observées ; la précision est moindre, il est vrai, mais l'erreur à craindre n'est pas très considérable et peut souvent être estimée.

Il sera donc bon d'employer concurremment les deux méthodes de réduction ; celle des pointés micrométriques donnant, en quelque sorte, le détail des groupes ; celle du goniomètre fournissant les repères. Lorsque les repères sont suffisamment nombreux, c'est alors que l'on peut combiner les deux méthodes d'observation et calculer *a posteriori* le facteur de réduction. Il suffit en effet de déterminer les longueurs d'onde λ_1 et λ_2 de deux raies correspondant à deux pointés micrométriques x_1 et x_2; comme les intervalles sont très petits, on peut appliquer la loi de proportionnalité et calculer λ correspondant à x par la formule

$$\frac{x_1 - x}{x_1 - x_2} = \frac{\lambda_1 - \lambda}{\lambda_1 - \lambda_2} :$$

c'est donc une *simple interpolation* par parties proportionnelles.

Ce mode de réduction est évidemment le plus simple de tous : j'ai cherché à l'employer dès le début. Malheureu-

sement le grand réseau Rowland, placé sur le plus grand
cercle dont je disposais, conduisait alors, ainsi qu'on l'a vu
plus haut, à des erreurs inacceptables : j'ai été obligé de
me contenter de détermations absolues faites avec le
réseau Rutherfurd, monté sur un petit cercle; il était donc
bon de réduire au minimum le nombre de données absolues et de profiter du calcul *a priori* du *facteur de réduc
tion*. Pour les raies du groupe α, l'éclat du champ étant
considérable, j'ai pu opérer sur le spectre du quatrième ordre :
l'approximation a été très satisfaisante, malgré l'emploi
d'un petit cercle et d'un réseau relativement moins dispersif. A la fin de ces études, étant parvenu à faire corriger
le défaut présenté par le grand cercle Brunner, j'ai pu faire
quelques déterminations absolues avec le réseau Rowland
et employer la méthode d'interpolation.

On verra que les deux méthodes conduisent à des résultats extrêmement voisins et se prêtent un mutuel contrôle.

TROISIÈME PARTIE.

RÉSULTATS NUMÉRIQUES.

I. — ÉTUDE DU GROUPE α (ANGSTRÖM).

Je ne m'arrêterai pas à décrire les séries d'opérations
préliminaires exécutées pour étudier le groupe α; elles
ont été fort longues : elles ont compris tous les essais décrits ci-dessus pour arriver à la méthode du balancement
des raies. Mais, si l'on fait abstraction de ces études géné-
rales, on peut dire que les mesures ont été conduites en
quelque sorte par approximations successives :

1° Une première série de relevés a été faite en vue de
construire une Carte provisoire, destinée à dénommer
chaque raie.

2° Cette Carte une fois obtenue, une série de pointés micrométriques plus soignés a donné les éléments du calcul des positions définitives des raies.

3° Les déterminations des longueurs d'onde de quatre raies principales destinées à servir de *repères*, faites avec le réseau Rutherfurd et le petit cercle portatif de Brunner.

4° Une nouvelle détermination de ces repères avec le réseau Rowland et le grand cercle Brunner modifié.

5° Une série de pointés micrométriques des raies purement telluriques du groupe α, en vue de la comparaison avec les raies correspondantes de B et A.

6° Enfin la série des opérations décrite précédemment suivant la méthode du *facteur de réduction*.

Le Tableau suivant renferme les déterminations utilisées pour le calcul des résultats définitifs.

L'ordre de grandeur des raies indiqué dans la dernière colonne est représenté par un chiffre de 1 à 10 en chiffres arabes pour les raies d'origine solaire ou raies métalliques : elles sont définies dans la dernière colonne par le mot *solaire*. Les chiffres romains majuscules sont appliqués aux raies telluriques, que je crois devoir attribuer à l'atmosphère sèche : ces raies sont réparties suivant une loi quasi régulière qui donnera lieu plus loin à des remarques intéressantes. Enfin les chiffres romains minuscules sont réservés pour noter la grandeur des raies telluriques (désignées en outre par Aq), qui semblent devoir être attribuées à la vapeur d'eau.

TABLEAU I.

Raies sombres composant le groupe α (Angström).

Méthode du facteur de réduction.		Méthode d'interpolation.					
x. Pointés micro-métriques.	λ. Valeur en longueur d'onde.	*x*. Pointés micro-métriques.	λ. Valeur en longueur d'onde.	Dénomination des raies.	λ. Valeurs adoptées.	Ordre de grandeur des raies.	Nature des raies.
tours	tours						
—0,884	627,521	—0,813	627,520	Bord.	627,54	IV	»
—0,814	533	—0,710	539	»	56	V	»
»	»	»	»	»	58	VII	»
—0,475	590	—0,440	589	»	61	V	»
—0,386	605	—0,360	603	»	62	V (*double*)	»
—0,273	624	—0,246	625	»	64	VII	»
»	»	»	»	»	67	VIII	»
»	627,670*	»	627,670*	Raie principale.	627,69	I	»
»	»	»	»	»	72	VIII	»
»	»	»	»	»	75	IX	»
+0,467	749	0,420	748	»	77	III	»
0,603	772	0,540	770	»	79	III	»
»	»	0,884	834	»	85	6	Solaire.
1,074	851	0,976	851	»	87	III	»
1,363	900	1,247	901	»	92	III	»
»	»	1,362	922	»	627,95	3	Solaire.
»	»	»	»	»	98	VIII	»

1,823	627,977	1,664	627,978	»	628,00	III	»
2,303	628,058	2,087	628,056	»	628,08	III	»
»	»	2,394	628,113	»	628,13	iij	Aq.
2,788	628,140	2,508	— 134	»	15	III	»
»	»	»	»	»	16	10	Solaire.
3,418	246	3,085	241	»	26	IV	»
3,839	317	3,484	315	»	34	VI	»
»	»	3,845	381	»	40	9	Solaire.
»	»	4,168	441	»	46	i	Aq.
»	»	4,360	477	»	50	7	Solaire.
5,764	641	5,217	635	Isolée α_0.	66	V	»
»	»	5,316	654	»	67	ij	Aq.
»	»	5,977	776	»	80	ij	Aq.
0,971	805	6,110	801	α'_1.	82	IV	»
1,455	628,886	6,555	883	α''_1.	90	III	»
»	»	6,870	941	»	96	VIII	»
»	»	6,955	628,957	»	628,98	3	Solaire.
2,615	629,085	7,598	629,076	α'_2.	629,10	IV	»
»	»	7,852	123	»	14	ij	Aq.
3,086	161	8,046	159	α''_2.	18	III	»
»	»	8,559	254	»	27	IX	»
»	»	8,959	328	»	35	VIII	»
4,401	382	9,237	379	α'_3.	40	II	»
4,873	462	9,667	459	α''_3.	48	II	»
»	»	9,952	512	»	53	VIII	»
»	»	10,377	590	»	61	ij	Aq.
»	»	10,655	642	»	66	3	Solaire.
6,353	629,711	11,017	629,709	α'_4.	629,73	II	»

Raies sombres composant le groupe α (Angström).

Méthode du facteur de réduction.		Méthode d'interpolation.					
x. Pointés micro-métriques.	λ. Valeur en longueur d'onde.	Pointés micro-métriques.	Valeur en longueur d'onde.	Dénomination des raies.	λ. Valeurs adoptées.	Ordre de grandeur des raies.	Nature des raies.
tours 6,811	tours 629,788	11,426	784	α''_4.	80	II	»
»	»	11,629	629,822	»	629,84	7	Solaire.
»	»	12,646	630,010*	»	630,03	1	Solaire Fe.
8,483	630,070	0,303	066	α'_5.	09	II	»
»	»	0,554	111	»	13	2	Solaire.
8,935	146	0,725	143	α''_5.	16	II	»
10,738	449	2,359	412	α'_6.	46	III	»
0,440	523	2,770	519	α''_6.	54	III	»
»	»	4,307	799	»	83	ij	Aq.
2,418	856	4,545	843	α'_7.	87	IV	»
»	»	4,758	882	»	91	VIII	»
2,865	630,931	4,967	630,920	α''_7.	630,95	IV	»
»	»	5,431	631,005	»	631,04	7	Solaire.
»	»	6,161	138	»	17	VIII	»
5,018	631,294	6,895	273	α'_3.	31	V	»
»	»	7,123	315	»	35	4	Solaire.
5,466	369	7,310	349	α''_8.	39	V	»
»	»	7,485	381	»	42	5	Solaire.
»	»	7,522	388	»	43	ij	Aq.
»	»	7,763	432	»	47	6	Solaire.

»	»	8,037	482	»	52	i	Aq.
»	»	8,512	569	»	62	ij	Aq.
»	»	8,638	631,592	»	631,64	VIII	»
»	»	8,952	631,650*	»	631,70	2	Solaire.
»	»	0,365	718	»	77	5	»
7,766	631,757	0,461	736	α'_9.	79	VI	»
»	»	0,661	774	»	82	7	Solaire.
8,208	831	0,872	813	α''_9.	86	VI	»
»	»	1,055	847	»	90	X	»
»	»	1,558	631,941	»	631,99	VIII	»
»	»	2,256	632,072	»	632,11	8	Solaire.
»	»	2,534	124	»	16	3	Solaire Fe.
»	»	3,107	231	α'_{10}.	27	VIII	»
»	»	3,174	244	»	28	9	Solaire.
»	»	3,512	307	α''_{10}.	35	VIII	»
»	»	5,182	619	»	66	5	Solaire.
»	»	5,892	752	α'_{11}.	78	IX	»
»	»	6,280	825	α''_{11}.	86	IX	»
»	»	6,520	869	»	90	6	Solaire.
»	»	6,932	632,946	»	632,98	5	Solaire.
»	»	7,537	633,060	»	633,08	8	Solaire.
»	»	7,612	074	»	09	IX	»
»	»	9,357	633,400*	»	633,42	2	Solaire Fe.
»	»	10,167	552	»	57	2	Solaire Fe.
»	»	11,267	757	»	78	4	Solaire.
»	»	11,412	633,784	»	633,80	4	Solaire.
»	»	13,150	634,109	»	634,13	ij	Aq.
»	»	14,112	289	»	31	3	Solaire.

DONNÉES NUMÉRIQUES RELATIVES AU TABLEAU N^o I.

1° *Méthode du facteur de réduction.*

La première colonne représente les pointés (exprimés en tours de vis), effectués sur les diverses raies du groupe α avec le micromètre à fil. Pour abréger, on n'a pas consigné les chiffres dont l'origine est arbitraire; mais seulement les différences des pointés avec le pointé de la raie prise comme origine.

Les raies choisies successivement comme origines sont :

$$\lambda\ldots\ldots\ 627,670 \qquad 628,641 \qquad 630,442$$

Ces pointés formaient donc trois séries, ayant toujours quelques termes communs à titre de contrôle : ces termes de contrôle ont été supprimés pour ne pas encombrer le Tableau : la concordance était d'ailleurs complète.

Le seul repère employé pour le calcul de cette série est la raie $\lambda = 627,670$, déduite d'une série de mesures effectuées sur le quatrième spectre du réseau Rutherfurd installé sur le petit cercle Brunner et dont le détail sera donné plus loin.

Les pointés de la première colonne proviennent d'une série effectuée le 16 août 1884 sur le spectre du troisième ordre du réseau Rowland. Le calcul du facteur de réduction employé pour les mesures a été donné comme exemple précédemment (*voir* p. 53). On trouvera donc plus haut :

1° La détermination de la valeur angulaire du tour de vis;

2° La détermination de la constante du réseau;

3° La détermination de l'angle des axes optiques de la lunette et du collimateur ;

4° La détermination du facteur de réduction R, c'est-à-dire le nombre par lequel on doit multiplier la varia-

tion dx des pointés pour obtenir la variation correspondante $d\lambda$ en longueur d'onde,

$$R = 0,16851.$$

Ce facteur peut servir, comme on l'a vu plus haut, à toute
l'étendue des pointés du groupe α.

Cette série de déterminations ne comprend que les raies
telluriques d'une certaine nature, ainsi qu'on l'expliquera
plus loin.

Remarque. — Le calcul numérique a été poussé jusqu'à
trois décimales, mais il est bien évident que le dernier
chiffre est la plupart du temps illusoire, parce que la valeur angulaire du tour de vis du micromètre, déduite du
pointé de certaines raies du groupe D, n'est pas connue
avec l'approximation nécessaire : si les chiffres ne donnent
pas la valeur absolue de λ, ils donnent au moins les distances mutuelles des raies avec la même approximation
que les pointés, et c'est à ce titre qu'ils ont été conservés.

2° *Méthode d'interpolation.*

La première colonne (la troisième à partir de la gauche)
donne, comme précédemment, les différences des pointés
micrométriques avec le pointé de la raie servant de repère.

Ces nombres représentent le résumé de plusieurs séries
très concordantes, dont la principale a été faite le 13 octobre 1882, sur le deuxième spectre du réseau Rowland.

Le micromètre à fil n'était pas le même que dans la série
du 16 août 1884 : le pas de la vis était de $\frac{1}{3}$ de millimètre,
tandis que celui du micromètre plus récemment adapté à
l'appareil est de $\frac{1}{2}$ millimètre; il était nécessaire de donner
ce détail dans le cas où l'on voudrait établir la concordance plus ou moins approchée des deux séries de pointés.

Les raies de repère ont été choisies au nombre de quatre :

| λ......... | 627,67 | 630,01 | 631,65 | 633,40 |
| Différence. | | 2,34 | 1,64 | 1,75 |

Les intervalles entre ces raies, relevés au micromètre à fil, ont donné

$$12^{tours},646, \quad 8,952, \quad 9,357$$

ce qui a conduit aux trois quotients

$$\frac{2,34}{12,646} = 0,18507,$$

$$\frac{1,64}{8,952} = 0,18320,$$

$$\frac{1,75}{9,357} = 0,18703.$$

Ces trois quotients devraient être, sinon égaux, du moins en progression continue : il y a donc à craindre une petite erreur d'environ $\frac{1}{100}$, soit sur les pointés, soit plutôt sur les valeurs des longueurs d'onde. Je n'ai pas cru devoir répéter ces séries eu égard à la petitesse de cette erreur ; elle correspondrait en effet à la correction positive $d\lambda = +0,02$ sur les chiffres 631,65, qui deviendrait alors 631,67 : on aurait alors, pour les trois quotients, les nombres presque identiques :

$$\frac{2,34}{12,646} = 0,18507,$$

$$\frac{1,66}{8,952} = 0,18543,$$

$$\frac{1,73}{9,357} = 0,18489.$$

Cette correction de 0,02 atteint la limite d'approximation que pouvait donner la détermination des longueurs d'onde avec le réseau Rutherfurd et le petit cercle Brunner (donnant les 10″), dont je disposais alors ; j'ai donc dû me contenter de cette série (^{1}).

Depuis cette époque, le grand cercle Brunner ayant été réparé, j'ai pu y installer le réseau Rowland et faire une nouvelle série de déterminations des quatre raies de repère : les chiffres obtenus en prenant comme point de départ les longueurs d'onde de D_2 (588,90) et C (656,18) d'Angström (spectre normal, p. III et V) ont été :

$$627,6793, \quad 630,0206, \quad 631,6707, \quad 633,4020,$$

qui s'accordent presque entièrement avec la série précédente corrigée (^{2}) :

$$627,69, \quad 630,03, \quad 631,71, \quad 633,42.$$

Il serait difficile d'aller beaucoup plus loin sans prendre des précautions minutieuses, tout à fait en dehors du cadre de ces recherches.

En conséquence, on peut donc, pour les valeurs définitives, adopter les chiffres suivants :

$$627,69, \quad 630,03, \quad 631,71, \quad 633,42,$$

(^{1}) Elle a été exécutée le 12 octobre 1883, sur le spectre de quatrième ordre ; voici les lectures du cercle (moyenne des deux verniers — 5″ l'estime) :

Image directe de la fente	90.10.25″
Image réfléchie sur la face striée	28.28.45
Repère n° 1	329.32.00
» n° 2	329.21.00
» n° 3	— 13.18
» n° 4	— 5.10
Raie C	327.18.45
Raie D_2	332.33.45
Image réfléchie	28.28.55

Le pointé sur la raie D_2 (λ adopté, 588,89) a permis de conclure la constante du réseau ($\log a = 3,46785$), et celui sur la raie C a fourni un contrôle ; on calcule, en effet, $\lambda = 656,11$; Angström donne 656,17.

(^{2}) Voici les chiffres des lectures qui résument les observations croisées faites en vue d'éliminer l'effet d'une petite variation continue avec le

en corrigeant proportionnellement les différences très petites entre ces chiffres et les résultats de la deuxième série.

Je ne crois pas qu'il soit utile de conserver plus de cinq chiffres significatifs dans les résultats définitifs : si l'on avait besoin, dans certains cas particuliers, des valeurs *différentielles* plus exactes, les pointés de la deuxième série pourront les fournir.

II. — Étude du groupe B (Fraunhofer).

La distinction, devenue si facile à l'aide des méthodes indiquées plus haut, entre les raies telluriques et les raies d'origine solaire ayant révélé une analogie complète de structure entre le groupe α et les groupes B et A, j'ai été naturellement amené à étudier ces deux autres groupes en détail.

Commençant par le groupe B, j'ai étudié d'abord les moyens de l'observer avec la plus grande dispersion possible.

Dans le spectre du premier ordre, le groupe est bien isolé sans mélange d'autres couleurs, mais la dispersion est un peu faible : elle est pourtant suffisante pour montrer assez nettement le balancement des raies métalliques situées entre le huitième et le neuvième doublet. Le

---

temps. C'était le spectre du deuxième ordre : les faisceaux diffractés étaient sensiblement normaux au réseau (18 février 1885).

Lumière directe	90°. 0.35
» réfléchie	1.42.57
Raie D$_2$	318.67.47
Repère n° 1	316. 5.15
» n° 2	315.56. 6
» n° 3	315.49.39
» n° 4	315.42.53
Raie C	314.13.54

Les résultats numériques ont été vérifiés par l'emploi de la formule (9), fondée sur la normalité approchée des faisceaux diffractés.

spectre du deuxième ordre donne une dispersion double, mais la superposition de la région bleue du spectre (λ 458 à λ 464) qu'il comporte inévitablement devient très gènante. Un verre rouge à vitrail permet d'isoler les radiations rouges et donne beaucoup de netteté aux raies ; mais l'absorbant qui réussit le mieux est une solution alcoolique de violet d'aniline : placée dans une ampoule soufflée, servant en même temps de lentille collectrice, cette solution se conserve indéfiniment; la concentration la plus convenable pour l'observation de B, en même temps que A, est celle qui absorbe le vert, le jaune et l'orangé jusqu'à C.

Si l'on veut conserver une lentille collectrice à foyer aplanétique pour observer le balancement des raies, on place la solution près de la fente dans une cuve à faces parallèles.

Le même dispositif réussit pour l'observation du spectre du troisième ordre; mais, avec le réseau dont je faisais usage, la quantité de lumière reçue était trop faible pour l'obtention de bonnes mesures.

Le Tableau suivant donne le résumé des mesures et présente les mêmes dispositions conventionnelles que le Tableau I du groupe α.

TABLEAU II.

Raies sombres composant le groupe B.

Méthode du facteur de réduction.		Méthode d'interpolation.		Dénomination des raies.	λ. Valeurs adoptées.	Ordre de grandeur des raies.	Nature des raies.
x.	λ.	x.	λ.				
tours	tours						
$-1,042$	$686,659$	$-1,478$	$686,645$	»	$686,62$	IV	»
»	»	»	»	»	66	VII	»
$-0,942$	685	$-1,282$	682	»	65	IV	»
»	»	$-1,124$	711	»	68	VII	»
»	»	$-1,020$	730	Double.	70	II	»
$-0,696$	742	$-0,955$	742	»	71	V	»
$-0,565$	783	$-0,775$	776	»	75	V	»
$-0,408$	824	$-0,598$	809	»	78	IV	»
$-0,346$	840	$-0,486$	830	»	80	IV	»
»	»	$-0,222$	879	»	85	VI	»
»	»	$-0,055$	910	»	88	III	»
»	$686,93$ *	»	»	Raie principale (double).	686,90	III	»
»	»	$+0,055$	$686,930$				»
$+0,374$	$687,028$	$0,504$	$687,014$	»	$686,98$	III	»
$0,512$	063	$0,716$	053	»	02	II	»
$0,877$	158	$1,208$	145	»	12	III	»
$1,114$	219	$1,558$	210	»	18	II	»
$1,483$	315	$2,050$	301	»	27	III	»
$1,814$	402	$2,515$	388	»	36	II	»
$2,180$	496	$3,014$	481	»	45	III	»

2,618	610	3,626	595	»	57	II	»
2,974	702	4,115	687,686	»	66	III	»
3,519	687,844	4,864	686,825	»	686,80	II	»
3,849	929	5,356	687,916	»	687,89	V	»
4,113	»	»	»	»	687,96	8	Solaire.
4,434	»	»	»	»	688,04	iij	Aq.
4,542	»	»	»	»	7	7	Solaire.
4,561	»	»	»	»	15	7	Solaire.
5,068	»	»	»	»	21	7	Solaire.
5,370	688,324	7,453	688,307	$B_0.$	688,28	III	»
0,760	521	0,192	499	$B'_1.$	47	III	»
1,143	621	1,576	599	$B''_1.$	57	II	»
2,001	843	2,758	818	$B'_2.$	79	III	»
2,363	688,937	3,286	688,916	B''_2	688,89	II	»
3,315	689,185	4,625	689,164	$B'_3.$	689,13	II	»
6,680	279	5,135	259	$B''.$	23	I	»
4,736	553	6,593	529	$B'_4.$	50	II	»
5,110	651	7,093	622	$B''_4.$	59	I	»
»	»	»	»	»	73	9	Solaire.
6,260	689,949	8,687	689,917	$B'_5.$	689,89	III	»
6,605	690,039	9,203	690,013	$B''_5.$	689,98	II	»
»	»	»	»	»	690,18	9	Solaire.
7,865	690,366	10,923	690,33	$B'_6.$	690,30	III	»
8,209	455	11,435	426	$B''_6.$	40	II	»
9,578	810	13,334	778	$B'_7.$	75	III	»
9,921	690,899	13,827	870	$B''_7.$	84	II	»
11,380	691,278	15,856	691,245	$B'_8.$	691,22	IV	»
0,341	367	0,497	337	$B''_8.$	31	III	»

Raies sombres composant le groupe B.

Méthode du facteur de réduction.		Méthode d'interpolation.		Dénomination des raies.	λ. Valeurs adoptées.	Ordre de grandeur des raies.	Nature des raies.
x.	λ.	x.	λ.				
tours	tours						
»	»	0,747	384	»	35	4	Solaire.
»	»	»	»	»	44	VIII	(Double?).
»	»	1,905	599	»	57	5	Solaire.
»	»	»	»	»	65	VIII	»
1,910	774	2,660	739	B'_9.	71	V	»
2,255	691,863	3,125	826	B''_9.	80	IV	»
3,942	692,301	5,448	692,257	B'_{10}.	692,23	IV	»
4,280	389	5,924	346	B''_{10}.	32	IV	»
»	»	6,077	692,374	»	692,34	iij	Aq.
»	»	6,515	456	»	43	8	Solaire.
»	»	7,241	591	»	56	8	Solaire.
»	»	7,301	602	»	57	iij	Aq.
6,025	692,842	8,373	801	B'_{11}.	77	VI	»
»	»	8,570	838	»	81	vj	Aq.
»	»	8,691	860	»	83	ij	Aq.
6,380	692,934	8,822	884	B''_{11}.	85	VI	»
»	»	8,985	915	»	89	iij	Aq.
»	»	9,378	692,988	»	692,96	X	»
»	»	9,760	693,059	»	693,03	VI	»
»	»	10,015	106	»	8	VII	»
»	»	10,222	145	»	12	VIII	»

»	»	10,960	282	»	25	ij	Aq.
»	»	11,103	308	»	28	i	Aq.
8,238	693,417	— 7,036	367	B'_{12}.	34	VII	»
8,567	693,502	— 6,590	449	B''_{12}.	42	VII	»
»	»	— 6,281	507	»	48	IV	Aq.
»	»	— 5,284	692	»	66	III	»
»	»	— 4,984	747	»	72	V	»
»	»	— 4,236	887	»	86	VI	»
»	»	— 3,961	938	»	91	IV	»
»	»	— 3,851	693,958	B'_{13}.	693,93	VIII	»
»	»	— 3,483	694,027	B''_{13}.	694,00	VIII	»
»	»	— 3,371	048	»	02	VI	»
»	»	— 2,902	694,135	»	694,11	VII	»
»	»	— 2,752	163	»	13	7	Solaire?
»	»	— 2,003	302	»	27	IV	»
»	»	— 1,256	441	»	41	5	Solaire.
»	»	— 0,496	582	»	55	VIII	»
»	»	»	694,674	»	64	II	»
»	»	+ 0,824	827	»	694,80	IV	»
»	»	1,738	694,997	»	694,97	iij	Aq.
»	»	2,029	695,051	»	02	6	Solaire.
»	»	3,250	278	»	25	6	Solaire.
»	»	3,389	304	»	27	iij	Aq.
»	»	4,817	569	»	54	I	»
»	»	6,450	695,873	»	695,84	III	»
»	»	7,412	696,051	»	696,02	IV	»
»	»	9,192	382	»	35	7	Solaire.

DONNÉES NUMÉRIQUES RELATIVES AU TABLEAU N° II.

I. — *Méthode du facteur de réduction.*

La première colonne représente, comme dans le Tableau n° I, les différences des pointés micrométriques avec ceux des raies prises comme origines successivement ; elles proviennent d'une série effectuée le 16 août 1884 sur le spectre du second ordre du réseau Rowland. Le seul repère employé pour le calcul de cette série est la raie $\lambda = 686,930$, déduite d'une série de mesures effectuées sur le quatrième spectre du réseau Rutherfurd, installé sur le petit cercle Brunner, et dont le détail sera donné plus loin.

Le calcul du facteur de réduction se déduit des données suivantes :

Le réseau amené sous l'incidence normale était dans une position telle que le fil vertical du réticule coïncidait avec son image pour le point $x_0 = 8^t,600$.

Dans cette même position du réseau, la raie $\lambda = 600,20$ du deuxième spectre correspondait à $x = 6,242$.

On en conclut, par la formule

$$(10) \qquad d\lambda = \frac{aq}{2} dx,$$

la correction $d\lambda$ à faire subir à $\lambda = 600,20$ pour obtenir λ_0 la longueur d'onde de la raie idéale sous le fil, au point x_0, on trouve $\lambda_0 = 599,73$; d'où l'on conclut, par la formule (3), l'angle φ_0 des axes du collimateur et de la lunette (*voir* p. 44).

On trouve

$$\varphi_0 = 42°59'14''.$$

Le repère adopté étant la raie $\lambda_1 = 686,93$, dont le pointé était $x_1 = 2^t,198$, on en conclut

$$\varphi_1 = \varphi_0 - (q'')(x_1 - x_0) = 43°5'10'';$$

substituant dans la formule (4)

$$\sin\left(\frac{\varphi_1}{2} + \cos\delta_1\right) = \frac{m_1\lambda_1}{2a\cos\dfrac{\varphi_1}{2}};$$

on en déduit $\delta_1 = 3^\circ 16'50''$, et, par suite, le facteur de réduction (7)

$$R = \frac{aq}{m_1}\cos\delta_1 = 0{,}25960,$$

facteur qu'on a appliqué à toute la série, grâce à ce que l'angle δ_1 est très petit.

II. — *Méthode d'interpolation.*

Elle est appliquée au résumé d'un groupe de séries effectuées, pour la plupart, le 14 octobre 1883 (avec intercalations de pointés sur des raies secondaires obtenues à diverses époques).

Les repères ont été choisis au nombre de quatre (¹); ils sont déduits d'une série de déterminations faites le 13 février 1885 avec le réseau Rowland, installé sur le grand cercle Brunner.

Ces repères correspondent à des raies du groupe B; en voici les valeurs :

$$686{,}8980, \quad 688{,}2842, \quad 691{,}2226, \quad 694{,}6515.$$

(¹) Le calcul avait d'abord été fait, à l'aide de trois repères, avec le réseau Rutherfurd et le petit cercle Brunner; ayant eu quelques doutes sur leur exactitude, j'ai refait la série de déterminations dont il est question ci-dessus; les trois repères étaient

$$\lambda = 686{,}93, \quad 690{,}80, \quad 694{,}65.$$

Le premier et le troisième sont les mêmes que ci-dessus.
Le second est le milieu du doublet n° 7.
La série faite avec le réseau Rowland et le grand cercle Brunner a

Le premier correspond à une raie tellurique intense que la lunette du cercle Brunner ($0^m,45$ de distance focale) montrait simple, mais que la lunette de $1^m,40$ du spectroscope dédouble aisément.

Le second est la raie tellurique isolée qui précède la série des doublets.

Le troisième est la première raie du huitième doublet.

Le quatrième est une raie tellurique intense vers la fin du groupe.

Les moyennes des lectures des observations croisées qui ont conduit à ces chiffres sont les suivantes (deuxième spectre) :

		° ′ ″
Faisceau direct	....	90. 0.48
» réfléchi	....	14. 0.57
Raie D_2	....	328.49.24
» C	....	324.25.39
Repère n° 1	......	322.25.36
» n° 2	....	322.20.11
» n° 3	....	322. 8.42
» n° 4	....	321.55.18

---

donné pour les mêmes repères (en interpolant le second repère d'après le tableau II, ce qui se fait sans erreur appréciable)

$$686,90, \quad 690,80, \quad 694,65.$$

Voici les lectures qui ont fourni les trois repères (observations du 13 octobre 1883) :

Faisceau direct	....	90.15.15
» réfléchi	....	50.21.30
Raie C	....	342.57.35
Repère n° 1	....	340.33.35
» n° 2	....	340.15.20
» n° 3	....	339.57.20
Faisceau réfléchi	....	50.21.53
» direct	....	90.15.30

La constante du réseau a été déterminée à l'aide de la raie C (adopté : $\lambda = 656,17$). L'adoption de 656,21 comme valeur de λC ajouterait 0,04 environ aux valeurs calculées.

La constante du réseau adoptée est la moyenne des deux constantes déduites de l'observation de D_2 ($\lambda = 588,900$) et de C ($656, 180$).

Comme les faisceaux diffractés étaient sensiblement normaux au réseau, les résultats numériques ont été vérifiés par l'emploi de la formule (9).

Dans les trois intervalles en lesquels se trouve ainsi partagé le groupe B, on calcule les variations de longueur d'onde par les trois facteurs

$$\frac{1.3865}{7,453} = 0,18603, \qquad \frac{2,9387}{15,856} = 0,185337, \qquad \frac{3,4288}{18,451} = 0,185832.$$

Leur marche progressive n'est pas très régulière, mais la différence est de l'ordre des erreurs commises dans les deux espèces de déterminations qui figurent dans ces formules.

C'est cette dernière série qui a été adoptée pour le calcul des valeurs adoptées.

Les raies de la bande B ont été gravées sur la Planche d'après les chiffres déduits de la première série figurant dans la colonne *méthode d'interpolation;* ces chiffres n'ont pas été corrigés pour conserver la concordance avec la Planche dont la gravure était terminée lorsque la revison des calculs a été opérée.

Malgré la concordance de toutes ces séries, j'ai cherché des vérifications de diverse nature : on verra à la fin du Mémoire quelques observations destinées à estimer l'erreur probable relative des chiffres adoptés (*voir* p. 98).

ÉTUDE DU GROUPE A (FRAUNHOFER).

Le groupe A est à peu près invisible, même dans le premier spectre, si l'on n'emploie aucun absorbant; le verre bleu violet, seul ou doublé d'un verre rouge, permet de l'apercevoir; une solution aqueuse de permanganate de potasse, mais surtout la solution alcoolique du violet d'aniline, déjà citée pour l'observation du groupe B, donnent au groupe A une netteté particulière.

Le spectre du second ordre est trop peu intense pour qu'on puisse l'utiliser aux mesures. La solution d'aniline présente un avantage sur les absorbants précités : avec la concentration indiquée plus haut, elle laisse subsister une légère teinte bleue sur les raies sombres, qui n'ôte rien à la netteté des raies et facilite beaucoup leur pointé.

En réglant convenablement cette concentration et, au besoin, en ajoutant un verre bleu-cobalt clair devant l'oculaire, on parvient à saisir dans le groupe A des détails assez délicats.

Il est nécessaire, évidemment, d'ouvrir la fente du collimateur un peu plus que pour le groupe B ; mais on peut la conserver assez fine pour séparer encore dans le groupe B les trois raies qui s'ajoutent aux deux raies du onzième doublet.

Dans un champ aussi sombre, on n'a aucun intérêt à conserver un fort grossissement : aussi est-il utile de remplacer, pour l'observation de A, l'oculaire employé pour B ou α par un oculaire moitié moins fort ; on regagne par l'éclat ce qu'on perd par la diminution de grossissement, et, en définitive, il y a bénéfice au point de vue de la visibilité et, par conséquent, de la précision des mesures.

L'observation de A doit être faite lorsque le Soleil est assez élevé sur l'horizon ; autrement, le milieu du premier groupe est tellement empâté qu'on ne peut plus y distinguer les raies qui le composent ; même aux grandes hauteurs, les raies sont tellement larges (sauf les raies d'origine solaire, rares et difficiles à voir) que les pointés laissent à désirer sous le rapport de la précision.

TABLEAU III.

Raies sombres composant le groupe A.

Méthode du facteur de réduction.				Méthode d'interpolation.		Dénomination des raies.	λ. Valeurs adoptées.	Ordre de grandeur des raies.	Nature des raies.
x.	λ.		λ.	λ.	λ.				
tours		tours							
—5,297	759,293	»	»	759,298	»	{ Raie du bord extérieur.	759,30	V	»
»	»	»	»	»	»	»	37	VII	»
—5,027	432	»	»	437	»	»	44	V	»
»	»	»	»	»	»	{ Estompement intérieur.	50	VII	»
							56	IV	»
—4,795	551	»	»	556	»	»			»
—4,567	669	»	»	673	»	»	67	V	»
—4,300	806	»	»	810	»	Double.	81	III	»
—4,050	935	»	»	939	»	»	94	V	»
—3,990	759,966	»	»	759,970	»	»	759,97	V	»
—3,756	760,087	»	»	760,090	»	»	760,09	IV	»
—3,645	143	»	»	147	»	»	15	IV	»
—3,382	279	»	»	282	»	»	28	III	»
—3,226	359	»	»	362	»	»	36	III	»
—3,007	472	»	»	475	»	»	48	III	»

Raies sombres composant le groupe A.

Méthode du facteur de réduction.				Méthode d'interpolation.		Dénomination des raies.	$\lambda.$ Valeurs adoptées.	Ordre de grandeur des raies.	Nature des raies.
$x.$	$\lambda.$		$\lambda.$	$\lambda.$	$\lambda.$				
tours		tours							
—2,760	599	»	»	6o2	»	»	6o	III	»
—2,544	710	»	»	713	»	»	71	III	»
—2,271	851	»	»	853	»	»	85	IV	»
—2,040	760,970	»	»	760,972	»	»	760,97	IV	»
—1,744	761,122	»	»	761,124	»	»	761,12	IV	»
—1,505	245	»	»	247	»	»	25	V	»
—1,175	415	»	»	416	»	»	42	IV	»
—0,935	761,539	»	»	540	»	»	54	V	»
»	762,020*	»	762,020*	762,020*	762,020*	Isolés $A_0.$	762,02	II	»
+0,419	762,236	0,420	236	238	238	$A'_1.$	24	I	»
0,675	368	0,689	375	371	357	$A''_1.$	36	I	»
1,145	610	1,161	618	615	622	$A'_2.$	62	I	»
1,414	762,748	1,406	762,744	762,755	762,749	$A''_2.$	762,75	I	»
1,910	763,003	1,958	763,038	763,013	763,036	$A'_3.$	763,04	I	»
2,190	148	2,190	148	159	156	$A''_3.$	16	I	»
2,757	450	2,779	451	453	472	$A'_4.$	47	I	»
2,969	549	3,002	567	564	577	$A''_4.$	58	I	»
3,593	763,870	3,631	763,890	763,884	763,904	$A'_5.$	763,90	II	»
3,855	764,005	3,853	764,004	763,024	764,019	$A''_5.$	764,02	II	»
4,480	327	4,521	348	349	365	$A'_6.$	35	II	»
4,722	451	4,723	462	475	480	$A''_6.$	47	II	»

5,437	819	5,457	870	847	851	A'_7.	84	III	»
5,670	764,939	5,692	764,951	764,968	764,983	A''_7.	764,97	III	»
6,420	765,326	6,450	765,342	765,358	765,366	A'_8.	765,36	III	»
0,243	451	6,667	453	484	478	A'_8.	47	III	»
»	»	»	»	»	»	»	75	5	Solaire?
1,022	852	7,483	874	765,889	765,902	A'_9.	765,89	IV	»
1,278	765,984	7,701	765,986	766,022	766,015	A''_9.	766,00	IV	»
2,112	766,413	8,565	766,431	456	463	A'_{10}.	45	IV	»
»	»	»	»	766,517*	766,517*	»	»	»	»
2,347	535	8,773	538	766,578	766,571	A'_{10}.	56	IV	»
3,220	766,984	9,660	766,995	767,032	767,031	A'_{11}.	02	V	»
3,464	767,110	9,899	767,118	159	155	A''_{11}.	15	V	»
4,388	586	10,848	607	639	647	A'_{12}.	64	V	»
4,654	767,723	11,074	767,723	767,778	765	A''_{12}.	76	V	»
5,137	767,971	»	»	768,029	»	»	768,01	»	»
5,612	768,216	»	»	276	»	A'_{13}.	26	VI	»
5,840	333	»	»	394	»	A''_{13}.	38	VI	»
6,854	768,856	»	»	921	»	A'_{14}.	91	VI	»
7,137	769,001	»	»	068	»	A''_{14}.	05	VII	»
7,395	134	»	»	203	»	»	18	»	Solaire?
8,848	769,883	»	»	958	»	»	768,93	»	Solaire?

1° *Méthode du facteur de réduction.*

La première colonne représente, comme dans les Tableaux précédents, les différences des pointés micrométriques avec ceux des raies prises comme origines successives : elles proviennent de deux séries, raccordées par des pointés communs, effectuées les 16 et 17 août 1884 sur le spectre du premier ordre du réseau Rowland.

Comme il se trouvait en double une série indépendante de relevés des doublets de 1 à 12, celle-ci a été réduite à part pour servir de contrôle dans cette partie importante du spectre.

Le seul repère employé pour la réduction de ces séries est la raie isolée $\lambda = 762,020$, provenant d'une détermination effectuée le 11 mars 1885 avec le réseau Rowland installé sur le grand cercle Brunner : on trouvera plus loin les données numériques relatives à cette détermination.

Le facteur de réduction a été calculé comme il suit. Le réseau amené sous l'incidence normale était dans une position telle, que le fil vertical du réticule coïncidait avec son image pour le pointé $x_0 = 7^{\text{tours}},450$. Dans cette même position du réseau, la raie $\lambda = 600,20$ du deuxième spectre correspondait à $x = 7,015$. On en conclut par la formule (10) que la raie idéale en coïncidence avec le fil aurait pour longueur d'onde $\lambda_0 = 600,313$: d'où l'on tire, par (3), $\varphi_0 = 43° 2' 30''$.

La raie de repère adoptée étant de $\lambda_1 = 762,020$ correspondait au pointé $x_1 = 5,500$ dans la première série de mesures (spectre de premier ordre) ; on en déduit

$$\varphi_1 = \varphi_0 - (q'')(x_1 - x_0) = 43° 5' 0'';$$

substituant dans la formule (4), où l'on fait $m = 1$, on

calcule $\delta_1 = -8°4'34''$, et par suite le facteur de réduction (7), qui se réduit, pour $m = 1$, à

$$R = aq \cos \delta_1 = 0,51488 :$$

c'est ce facteur qui a été employé à réduire les pointés depuis le bord le moins réfrangible de A jusqu'au huitième doublet.

J'ai voulu, eu égard à la grandeur de la déviation δ_1, voir si le facteur de réduction changeait d'une manière notable dans toute l'étendue du champ, et, à cet effet, j'ai calculé ce facteur par la marche de proche en proche, en prenant comme point de départ la longueur d'onde calculée de la seconde raie du huitième doublet $\lambda_1 = 765,440$, qui correspondait dans la série complémentaire à $x_1 = 6,790$: on en conclut $\varphi_1 = 43°3'10''$, $\delta_1 = 7°59'57''$ et finalement

$$R' = 0,51498,$$

qui, on le voit, ne diffère que de $\frac{1}{5000}$ de la valeur précédente.

Au point de vue numérique, l'emploi de ce facteur, au lieu du précédent, pour le calcul de la seconde partie du spectre est indifférent ; car la différence des résultats n'altère au plus que d'une unité la troisième décimale de λ, c'est-à-dire d'une quantité bien inférieure à l'approximation des mesures.

Il était bon toutefois de vérifier, dans le cas le plus défavorable, la constance du facteur de réduction.

2° *Méthode d'interpolation.*

Elle a été appliquée aux mêmes pointés que la méthode précédente ; aussi a-t-on jugé inutile de reproduire la colonne des différences x : j'aurais pu, comme pour les deux autres groupes, utiliser des séries faites en octobre 1883 ; mais ces séries étaient incomplètes, à cause de l'em-

pâtement du groupe A ; de plus, elles étaient relevées avec
une moindre approximation, parce que le champ de vision
obtenu par un verre rouge et un verre violet était extrè-
mement sombre : je n'avais pas encore trouvé la solution
d'aniline. Elles m'ont servi à construire graphiquement
une carte provisoire du groupe A, qui s'accorde d'une
manière satisfaisante avec celle qu'on déduit du Tableau III, mais elles ne pourraient en rien servir à la corriger : je ne crois pas utile d'en donner le détail.

Les repères choisis sont au nombre de trois :

$$\lambda = 759,2982, \quad 762,0200 \quad 766,5170.$$

Le premier est le bord le moins réfrangible du groupe A.
Le deuxième est la raie isolée.
Le troisième est le milieu du dixième doublet.

Ces repères proviennent d'une détermination effectuée
le 11 mars 1885 avec le réseau Rowland, installé sur le
grand cercle Brunner. Le spectre observé était celui du
premier ordre.

L'incidence a été choisie par la condition de donner au
spectre le plus grand éclat possible.

Voici les lectures du cercle :

	Observations croisées.	
	11 mars 1885.	24 février 1885.
Faisceau direct.............	90. 1.25″	90. 0.47″
» réfléchi...........	40.45.32	335.40.48
Raie C...................	7.48.11	312.35.15
A (bord le moins réfrangible) .	3.54.26	309.11.48
Raie isolée..............	3.48.23	309. 6.35
Milieu du dixième doublet....	3.38.24	308.57.41

Je donne en même temps une série faite le 24 février,
par un soleil brumeux, dans laquelle les pointés étaient
très pénibles, et que je considère comme moins bonne que

la précédente; elle a conduit aux trois valeurs ([1]), en adoptant $C = 656,210$,

$$759,2845, \quad 761,9381, \quad 766,4652.$$

La concordance des déterminations est moins bonne que pour les groupes α et B; mais le groupe A est si difficile à observer qu'il faut encore s'estimer heureux de l'approximation obtenue; les observations prouvent, en effet, plusieurs causes d'infériorité : d'abord, l'emploi du spectre de premier ordre, au lieu du spectre de second ordre, qui double l'erreur moyenne ; ensuite les mauvaises conditions physiologiques de l'observation, à savoir l'assombrissement du champ et le défaut de sensibilité de l'œil arrivé à la limite de la région des radiations perceptibles.

([1]) Je dois mentionner aussi, pour ne rien omettre, deux déterminations faites le 18 octobre 1883 avec le réseau Rutherfurd (spectre du premier ordre) installé sur le petit cercle Brunner.

Les trois repères étaient les mêmes que ci-dessus, sauf que je me suis efforcé de pointer sur la première raie du dixième doublet, au lieu de me contenter du milieu des deux raies, plus facile à viser.

| Première série..... | 759,30 | 761,80 | 766,54 |
| Deuxième série .... | 759,30 | 761,96 | 766,38 |

Les lectures du cercle (observations non croisées) étaient :

	Première série.	Deuxième série.
Faisceau direct......................	$90°.15'.15''$	$90°.15'.18''$
» réfléchi.....................	27.15.14	27.17.43
A, bord le moins répandu...........	5.12.00	5.14.10
Raie isolée........................	5. 8.20	5.10.15
Première raie du dixième doublet....	5. 1.30	5. 3.50
Faisceau réfléchi....................	27.14.55	27.17.43
» direct.....................	90.15.18	90.15.20

On a adopté, pour la constante du réseau, celle déterminée le 13 octobre dans l'étude de B (*voir* plus haut) et calculée d'après la valeur de C ($\lambda = 656,21$, adopté, au lieu de 656,17, qui est plus exacte; la différence est insignifiante eu égard à l'approximation des pointés).

QUATRIÈME PARTIE.

RÉSUMÉ ET CONCLUSIONS.

CONSTRUCTION DE LA PLANCHE RÉSUMANT LES RÉSULTATS NUMÉRIQUES.

La Planche a été construite d'après les nombres consignés aux Tableaux I, II et III (valeurs adoptées) : la graduation est celle des longueurs d'onde exprimées en millionièmes de millimètre; mais l'échelle est différente pour chacun des trois groupes. Elle a été choisie par la condition de donner sensiblement les mêmes dimensions à la série des doublets; or les différences de longueur d'onde entre la raie isolée et la seconde raie du dixième doublet sont respectivement égales aux nombres suivants dans

$$\alpha \text{ à } 3,67 = 8 \times 0,459$$
$$B \quad 4,04 = 9 \times 0,449$$
$$A \quad 4,54 = 10 \times 0,454$$

Donc, en prenant l'unité de longueur dans les rapports $10:9:8$, on réduira cet intervalle à être le même dans les trois groupes. J'ai adopté les chiffres de 40^{mm}, 36^{mm} et 32^{mm} comme longueur représentative du millionième de millimètre ([1]).

La raie isolée de chaque groupe étant alignée suivant la même verticale du dessin, les analogies de structure deviennent alors évidentes.

L'examen de cette Planche permet, lorsqu'on fait abstraction par la pensée des raies d'origine solaire, de constater la concordance presque complète des séries de dou-

---

([1]) Dans le *Spectre normal* d'Angström, la longueur correspondante est 10^{mm}.

blets de même ordre dans les trois groupes : la seule différence est l'extension de leur nombre; on en observe environ quinze dans A, treize dans B (¹) et onze dans α; au delà l'incertitude devient assez grande, soit par la faiblesse des raies, soit par le mélange avec des raies étrangères.

La correspondance si complète à droite de la raie isolée s'efface de plus en plus à mesure qu'on s'écarte de cette raie vers la gauche; on reconnaît d'abord un doublet isolé en correspondance presque complète dans les trois groupes : dans B, on en voit deux semblables; dans A, trois; au delà, on rencontre un groupe de trois raies équidistantes qui se retrouve dans les trois bandes ; en poursuivant, on aperçoit trois doublets dont les composantes vont en se resserrant presque jusqu'à zéro, et que les trois bandes montrent nettement. Enfin la terminaison du côté le moins réfrangible est très semblable, sans pourtant être identique.

Lorsqu'on analyse le groupement de ces raies, on est amené à les ranger en séries superposées, reconnaissables par la loi de leur espacement ou par celle de leur intensité; n'étant pas parvenu jusqu'ici à découvrir quelque loi utilisable pour permettre une classification méthodique de ces raies, je me borne ici à signaler l'existence de ces groupements.

(¹) L'intensité du dixième doublet de B présente une anomalie singulière lorsque le Soleil est très élevé sur l'horizon : elle rompt la décroissance continue qu'on observe dans la série des doublets, depuis le troisième ou le quatrième; ce doublet paraît alors plus intense que le huitième. A mesure que le Soleil s'abaisse, l'anomalie s'efface, et, lorsque le Soleil est à l'horizon et que toutes les raies de B sont devenues larges et intenses, elle disparaît. J'attribue cette anomalie à la coïncidence avec deux raies métalliques : la méthode du balancement appliquée à ce groupe rend cette explication probable, car j'ai cru voir que, quand l'anomalie existe, le dixième doublet n'est pas absolument fixe.

Les méthodes exposées dans la première Partie de ce Mémoire permettent de distinguer avec une grande facilité les raies d'origine solaire des raies d'absorption attribuables à l'atmosphère terrestre. Il n'est pas utile de revenir sur ce sujet après l'exposition détaillée qui a été faite de ces méthodes : sur la Planche qui résume le présent Mémoire, les raies d'origine solaire ou présumées telles ont été prolongées vers le bas de chaque spectre. Outre ces raies, il est utile d'indiquer sommairement comment on peut distinguer encore deux espèces de raies parmi celles qu'on doit attribuer à l'atmosphère terrestre.

Les observations d'Angström (*voir* plus haut, p. 8) ont montré que les bandes A, B, α sont dues à l'absorption produite par l'atmosphère sèche.

Or il existe, parmi les raies constituant ces groupes, des raies qui ne sont pas d'origine solaire et qui ne font pas partie de cette structure régulière commune à A, B et α. Parmi ces raies, les unes ont toujours les mêmes rapports d'intensité avec les groupes réguliers; d'autres, et ce sont généralement les plus faibles pour les hauteurs moyennes du Soleil, présentent des intensités variables suivant les conditions météorologiques. Lorsqu'on les suit méthodiquement pendant tout le cours d'une année, on reconnaît qu'elles s'effacent pendant les froids secs de l'hiver et qu'elles s'accentuent par les temps chauds et humides; en suivant les observations pendant les années 1882, 1884, 1885, j'ai pu en démêler quelques-unes, et je suis porté à les attribuer à la vapeur aqueuse.

Elles sont distinguées, sur la Planche finale, par un prolongement terminé par un petit point.

Il est difficile de les représenter graphiquement avec l'intensité qui leur conviendrait, parce que cette intensité est extrêmement variable, soit avec l'état hygrométrique de l'air, soit avec la hauteur du Soleil : je me suis donc borné à représenter leur position sans trop chercher à figurer leur intensité relative.

La difficulté de représenter leur intensité est encore accrue par la singularité qu'elle présente, singularité qui pourrait conduire à une condition caractéristique. Lorsqu'on observe une de ces raies attribuées à la vapeur d'eau, et qu'on la suit à mesure que le Soleil s'abaisse vers l'horizon, on reconnaît qu'à partir d'un certain instant elle croît en intensité avec une rapidité extrême; ainsi, la plupart de ces raies, presque invisibles aux grandes hauteurs solaires, atteignent et finissent par surpasser les raies voisines du groupe α ou B, dont l'assombrissement croît régulièrement dans les mêmes circonstances.

On en conclut que, pour ces raies, la loi qui lie l'absorption à l'épaisseur d'atmosphère traversée est très différente de celle qui régit les groupes α, B et A ; des mesures photométriques convenables permettraient donc de caractériser ces raies; mais c'est un point qui réclamerait une analyse approfondie et sur lequel je me propose de revenir à l'occasion ([1]).

RELATIONS NUMÉRIQUES ENTRE CES TROIS GROUPES A, B, α.

Les remarques exposées précédemment (p. 86) montrent que les analogies si complètes existant dans les trois groupes, du côté le moins réfrangible, vont en s'altérant du côté opposé. Un tracé graphique permet de préciser cette ressemblance, limite des trois bandes.

Traçons sur l'axe des x une série de points représentant la position des raies du groupe A définies par les Tableaux

---

([1]) Voir mon Mémoire *Sur les raies telluriques voisines de* D (*Journal de l'École Polytechnique*, LIIIe Cahier, p. 201).

précédents, et élevons, par les points de division, une série de lignes parallèles à l'axe des y.

Faisons l'analogue sur l'axe des y, en portant la position des raies du groupe B ou du groupe α, et menons par les points de division des parallèles à l'axe des x.

Joignons les points d'intersection des lignes représentant les raies *analogues*. Il n'y a aucune incertitude pour la série des doublets et de la raie isolée. On reconnaît alors que tous ces points sont sensiblement en ligne droite.

En suivant progressivement, par continuité, la série des points d'intersection, la ligne perd sa simplicité de forme, tout en paraissant s'infléchir vers le point représentatif du bord extrême des deux bandes; mais la difficulté d'établir une corrélation entre les raies montre qu'au bord le plus réfrangible on a affaire à une relation d'un ordre très complexe, mais qui, du côté le moins réfrangible, tend vers l'exacte proportionnalité.

Cette comparaison graphique montre que, si l'on se propose de rechercher quelque relation simple entre les trois bandes, c'est dans la série des doublets qu'on a chance de la rencontrer.

Il existe, en effet, une relation très simple, qu'on doit considérer évidemment comme une loi limite et qu'on peut énoncer ainsi :

La loi de répartition des doublets est sensiblement la même dans les trois bandes.

Cet énoncé indique quelque chose de plus que ce qui montrait la ligne droite de la construction graphique précédente; il fait savoir que le coefficient angulaire de cette droite est sensiblement le même dans les comparaisons des trois bandes deux à deux.

Analytiquement, on l'écrira

$$\frac{\Delta\lambda}{\lambda} = \frac{\Delta\lambda'}{\lambda'} = \frac{\Delta\lambda''}{\lambda''},$$

en désignant par $\Delta\lambda$, $\Delta\lambda'$, $\Delta\lambda''$ les distances respectives d'une même raie à la raie isolée et λ, λ', λ'' la longueur d'onde moyenne de l'intervalle.

Pour vérifier numériquement cette loi, on prendra dans les Tableaux précédents *les longueurs d'onde de la raie isolée et de la seconde du dixième doublet*; cet intervalle est le plus grand qu'on puisse former avec exactitude dans les trois bandes.

Bandes.	Raie isolée.	Seconde raie du dixième doublet.	$\Delta\lambda$.	λ moyen.	$\dfrac{\Delta\lambda}{\lambda}$.
α.....	628,66	632,33	3,67	630,50	0,00582
B.....	688,31	692,35	4,04	690,33	0,00587
A.....	762,02	766,56	4,54	764,29	0,00594

Le rapport $\dfrac{\Delta\lambda}{\lambda}$ est sensiblement constant, ce qui est la vérification de la loi énoncée.

Toutefois, on voit une légère variation dans ce quotient, indiquant un accroissement lorsqu'on s'avance de α à **A** ; c'est qu'en effet *la valeur de ce quotient paraît ne devoir être rigoureusement la même dans les trois bandes que pour les doublets les plus éloignés.*

On pourrait se rendre compte de la marche de ce quotient vers une limite fixe en prenant un intervalle plus petit dont l'origine serait un doublet d'ordre de plus en plus élevé ; mais les erreurs accidentelles risqueraient de masquer cette progression ; il vaut donc mieux, pour constater *le sens* de la variation de ce quotient avec l'ordre de réfrangibilité des trois bandes, prendre le cas extrême, c'est-à-dire un intervalle aussi éloigné que possible des conditions où la loi limite indiquée peut s'appliquer. A cet effet, nous prendrons comme intervalle correspondant la distance entre le bord le plus réfrangible et la raie isolée.

Bandes.	Bord extrême.	Raie isolée.	$\Delta\lambda$.	λ moyen.	$\dfrac{\Delta\lambda}{\lambda}$.
α.....	627,54	628,66	1,12	628,10	0,00178
B.....	686,65	688,31	1,66	687,48	0,00241
A.....	759,30	762,02	2,72	760,66	0,00357

Le quotient grandit rapidement de α en A, conformément aux prévisions.

Si l'on craignait que la correspondance des raies dans
les trois groupes fût mal établie, on pourrait, sans aller
jusqu'au bord extrême des bandes, prendre comme inter-
valle $\Delta\lambda$ la distance de la raie isolée à la dernière du groupe
préliminaire, c'est-à-dire l'intervalle qui existe entre les
deux parties principales, de chaque bande : on trouverait

Bandes.	Raie finale du premier groupe.	Raie isolée.	$\Delta\lambda$.	λ moyen.	$\dfrac{\Delta\lambda}{\lambda}$.
α....	628,34	628,66	0,32	628,50	0,000509
B....	687,92	688,31	0,39	688,12	0,000567
A....	761,54	762,02	0,48	761,78	0,000630

La variation du quotient est moindre, mais toujours
dans le même sens.

La conclusion de ces comparaisons est que le quotient
$\dfrac{\Delta\lambda}{\lambda}$ tend vers la même limite dans les trois bandes α, B, A,
à mesure que l'on considère des régions homologues de
plus en plus éloignées du bord réfrangible : la limite est
déjà presque atteinte dans la série des doublets.

RELATION APPROCHÉE ENTRE LA LONGUEUR D'ONDE MOYENNE
DES TROIS BANDES α, B, A.

On est naturellement conduit à rechercher si les positions de ces bandes dans le spectre ne sont pas liées elles-
mêmes par une relation simple.

Quelques essais numériques montrent immédiatement

que les inverses des longueurs d'onde des raies homologues sont sensiblement en progression géométrique ;
voici le calcul pour trois raies : le bord réfrangible, la raie
isolée et la seconde raie du dixième doublet :

Bords réfrangibles.

$\lambda.$	$\frac{1}{\lambda}.$	Différences.
627,54	0,0015935	
		1372
686,65	0,0014563	
		1363
759,30	0,0013170	

Raies isolées.

$\lambda.$	$\frac{1}{\lambda}.$	Différences.
628,66	0,0015907	
		1379
688,31	0,0014528	
		1405
762,02	0,0013123	

Raies.

$\lambda.$	$\frac{1}{\lambda}.$	Différences.
632,33	0,0015814	
		1370
692,35	0,0014444	
		1401
766,56	0,0013045	

La progression arithmétique entre les inverses de longueur d'onde est, comme on le voit, assez approchée, mais
n'est rigoureuse pour aucune des trois raies choisies ; elle
pourrait peut-être l'être pour l'une des premières raies
fortes correspondantes des trois groupes ; nous ne nous
arrêterons pas à la définir, car ce serait probablement
une coïncidence fortuite.

L'existence de cette progression approchée conduit à
quelques conséquences hypothétiques qui seront discutées
à la fin du Mémoire (*voir* l'Appendice I).

APPENDICE I.

EXISTENCE POSSIBLE D'AUTRES BANDES APPARTENANT A LA MÊME FAMILLE :
POSITION PROBABLE DE CES BANDES.

L'analogie de structure dans les parties semblables des trois bandes α, B,
A et la continuité dans la loi de variation de cette structure dans les parties
dissemblables conduit naturellement à penser que ces trois bandes font
partie d'une série que la complication des raies du spectre solaire ou la
limite de visibilité optique des radiations rend difficilement observable. Si
l'on suit l'ordre historique de la découverte des trois termes de cette série,
on reconnaîtra, en effet, que la détermination de chaque nouveau terme
a exigé une plus grande somme d'efforts que celle du précédent. Le premier terme découvert est B, dont la structure est visible dès que le spectroscope offre une dispersion notable; le second terme, découvert dans A
par Langley, a nécessité l'emploi d'un réseau très dispersif de Rutherfurd
et des précautions très grandes pour faire l'observation dans une région
aussi peu intense que l'est l'extrème rouge.

Le troisième terme reconnu dans la bande α présentait des difficultés
d'un autre ordre, à savoir la faiblesse des raies atmosphériques et leur mélange avec des raies solaires d'intensité diverse.

Il est donc naturel de rechercher s'il n'existe pas d'autres termes de
cette série, soit du côté de l'infra-rouge, soit du côté plus réfrangible du
spectre solaire.

Bien que je n'aie pas encore réussi à mettre complètement en évidence
un de ces nouveaux termes, je dirai quelques mots des indications que
peuvent fournir les résultats précédents pour aider à découvrir ces termes
encore inconnus.

1° *Position calculée.* — On peut, par extrapolation, calculer la position
de ces bandes, non pas qu'on puisse compter sur une précision bien
grande, ni même sur une exactitude en rapport avec l'approximation des
lois numériques sur lesquelles le calcul est fondé, mais ce calcul suffit
pour indiquer la région du spectre où l'examen devra porter.

Comme les données numériques relatives aux trois bandes montrent que
les inverses des longueurs d'onde des raies homologues sont sensiblement
en progression arithmétique, il est naturel d'adopter cette loi pour effectuer l'extrapolation.

Appliquée à la différence sensiblement constante des valeurs de $\frac{1}{\lambda}$ correspondant au bord le plus réfrangible, on obtient la série suivante :

$$\frac{1}{\lambda}.$$

	$\frac{1}{\lambda}$			
α''...............	0,0018671		535,59	calculé.
α'...............	0,0017303	1368	577,93	"
$\div \alpha$...............	0,0015935	1368	627,59	
$\div$ B...............	0,0014563	1372	689,65	observé.
$\div$ A...............	0,0013170	1363	759,30	
A'...............	0,0011802	1368	847,31	calculé.
A''...............	0,0010434	1368	958,40	"

On a adopté la différence moyenne 1368 et calculé les deux termes hypothétiques α', α'' du côté du vert, et A', A" du côté de l'infra-rouge.

2° *Intensité.* — Si l'on admet que la même continuité doit exister dans les intensités des bandes, l'ordre décroissant étant celui-ci, A, B, α. on est conduit à supposer que α' et surtout α'' devront être très faibles : au contraire, A' et A" encore plus intenses que A.

3° *Largeur de la bande préliminaire.* — Elle va en décroissant de A en α : donc le premier groupe de raies dans α' et α'' devra être extrêmement réduit, à tel point qu'on ne devra guère chercher que deux ou trois raies en avant de la série des doublets; au contraire, du côté de l'infra-rouge, l'importance du groupe préliminaire doit être de plus en plus grande.

4° *Distance des doublets.* — La loi approximative

$$\frac{\Delta\lambda}{\lambda} = \text{const.},$$

reconnue pour la série des doublets, permet de calculer la distance des doublets homologues; appliquons le calcul au troisième doublet, qui est, en général, le plus intense, et prenons pour le λ moyen la longueur d'onde du bord réfrangible, ce qui ne change pas sensiblement la valeur numérique de l'intervalle calculé; on trouve :

	$\frac{1}{\lambda}$	$\frac{\Delta\lambda}{\lambda}$	$\Delta\lambda$
α''...........	0,0018671	0,000145	0,07
α'...........	0,0017303	0,000145	0,08
α...........	0,0015935	0,000147	0,09
B...........	0,0014563	0,000146	0,10
A...........	0,0013170	0,000144	0,11
A'...........	0,0011802	0,000145	0,12
A"...........	0,0010434	0,000145	0,14

Ces distances indiquent l'écartement approximatif qu'on doit essayer de reconnaître dans les groupes telluriques à distinguer.

Résumé des observations faites en vue de trouver les groupes hypothétiques.

Les régions calculées $\alpha' = 577,93$, $\alpha'' = 535,59$ contiennent effective-ment des raies telluriques assez nombreuses, mais tellement faibles qu'il est nécessaire d'attendre que le Soleil soit tout près de l'horizon pour les bien observer.

Il y a, en outre, deux autres genres de difficultés qui rendent l'identification extrêmement pénible : d'abord, le nombre considérable de raies métalliques fines qui couvrent les régions; ensuite, l'existence de raies atmosphériques qu'on doit attribuer à la vapeur d'eau. Or, les groupes cherchés appartenant à l'atmosphère sèche ne doivent pas être confondus avec ceux de la vapeur aqueuse. Il est donc nécessaire, pour résoudre la question proposée, de réunir les conditions suivantes :

1° Une atmosphère aussi sèche que possible ;

2° Une atmosphère extrêmement pure;

3° Une hauteur très faible du Soleil au-dessus de l'horizon.

Ces conditions ne se trouvent guère réunies dans nos climats, et c'est à la difficulté de les rencontrer ensemble que j'attribue l'insuccès de mes recherches.

Il est utile d'ajouter qu'on trouve des séries de doublets paraissant, au premier abord, répondre à la question; mais, lorsqu'on examine leurs intervalles, on reconnaît qu'ils sont trois ou quatre fois plus grands que ceux que l'analogie leur assigne : on retrouve, d'ailleurs, de semblables doublets telluriques dans le rouge, et c'est peut-être l'indication de l'existence de nouvelles séries; j'espère avoir plus tard l'occasion de les démêler.

Quant aux termes A', A″ de l'infra-rouge, je ne les ai cherchés que sur la Carte de M. W.* de W. Abney (*Philosophical Transactions*, 1880). La région A' = 847,31 est dépourvue de raies intenses. On s'attendrait, au contraire, à y trouver un groupe possédant une grande intensité.

La région A″ = 958,40, au contraire, présente des groupements où l'on pourrait bien trouver les structures communes aux bandes visibles; malheureusement, les détails de la Carte sont insuffisants comme finesse. On retrouve ainsi dans l'infra-rouge de ces séries de doublets très écartés qui rappellent celles dont il a été question plus haut; il y a donc encore bien des rapprochements intéressants à faire dans cette voie.

En résumé, bien que je ne puisse formuler aucune conclusion certaine sur l'existence d'autres termes de la série A, B, α, je crois devoir attirer l'attention des spectroscopistes sur ce genre d'observations, qui paraît promettre des résultats curieux et inattendus.

APPENDICE II.

COMPARAISON DES LONGUEURS D'ONDE ADOPTÉES CI-DESSUS AVEC LES RÉSULTATS DONNÉS PAR DIVERS AUTEURS. — APPROXIMATION PROBABLE DES RÉSULTATS.

Les valeurs adoptées ci-dessus pour les longueurs d'onde des diverses raies des groupes A, B, α résultent de mesures différentielles, en prenant comme point de départ des nombres empruntés au *spectre normal* d'Angström.

Ces valeurs ne peuvent donc pas prétendre à une précision supérieure à celle du savant suédois, quoique la dispersion de mon appareil fût de beaucoup supérieure à celle du sien.

Mais comme, dans l'emploi des réseaux, il suffit de connaître un seul résultat pour pouvoir en déduire tous les autres, il est utile de vérifier jusqu'à quel point la concordance des résultats s'étend aux raies qui se trouvent à la fois dans mes observations et dans la carte du *spectre normal*. C'est un contrôle mutuel qui permet de se rendre compte de l'approximation des résultats.

1° *Comparaison des résultats ci-dessus avec ceux du spectre normal d'Angström.*

Groupe α. — Le repère emprunté à Angström est en général la raie D_1, $\lambda = 588,89$; cette raie est un peu large et estompée dans le spectre solaire, mais elle constitue un repère si facile à reproduire avec la vapeur d'un sel de soude qu'il est difficile d'en trouver une autre plus avantageuse.

C'est par l'observation de la position de cette raie et des angles d'incidence et de diffraction qu'on déduit la constante a du réseau par la forme

$$a \,(\sin i + \sin r) = m\lambda,$$

ainsi qu'il a été expliqué précédemment (*voir* p. 49).

De cette seule donnée, j'ai déduit par des observations angulaires les longueurs d'onde des raies du groupe α.

Le mode de vérification le plus immédiat consiste à identifier un certain nombre de raies dans la Carte d'Angström et dans la mienne et à comparer les deux valeurs de la longueur d'onde.

Voici quelques comparaisons prises parmi les raies principales du groupe α (¹) relevées sur l'Atlas :

A (Angström).	C (Cornu).	A — C.
629,00	628,98	0,03
630,03	630,03	»
630,15	630,16	— 0,01
631,37	631,35	0,02
631,67	631,70	— 0,03
633,52	633,42	»
634,32	635,32	»

L'accord est donc satisfaisant; c'est un contrôle mutuel des deux séries.

Je n'ai pas besoin de dire que cette comparaison a été faite depuis

---

(¹) La bande préliminaire est tellement simplifiée dans l'Atlas du *Spectre normal* qu'il est impossible d'établir l'identification des groupes.

C. 7

l'achèvement de mon Mémoire et qu'elle n'a eu aucune influence sur le choix des valeurs adoptées.

Il ne faudrait pas, d'ailleurs, attribuer à cette concordance une importance exagérée : en effet, la dispersion des deux Cartes est tellement différente que l'assimilation des raies est difficile, les groupes n'ayant pas exactement le même aspect.

Aussi, ai-je cru nécessaire d'ajouter un autre mode de contrôle spécial aux réseaux et employé bien souvent depuis Angström : je veux parler de la superposition des spectres de divers ordres.

Il se trouve justement que le troisième spectre du groupe α coïncide avec un groupe de raies bien définies, situées dans la région bleue du quatrième spectre.

Parmi ces raies du bleu, j'en citerai quatre qui sont en coïncidence sinon parfaite, du moins très approchée avec des raies du groupe α.

Il suffit donc de multiplier par $\frac{4}{3}$ les valeurs numériques λ' des longueurs d'onde des raies de la région bleue pour en conclure la longueur d'onde λ des raies correspondantes du groupe α.

Observations du 21 septembre 1885.

λ' (Angström).	$\lambda = \frac{4}{3}\lambda'$ calculé.	λ observé (C).	A — C.
470,66	627,55	627,54	+ 0,01
470,83	626,76	626,76	»
470,95	627,93	627,93	»
473,62	631,49	631,47	+ 0,02

Le genre d'observations, si simple en théorie, est en pratique compliqué d'une question de défaut d'achromatisme qui sera expliquée bientôt ; dans le cas présent, la difficulté d'observation est moindre qu'avec le groupe B : aussi n'est-il pas nécessaire d'avoir recours à un dispositif spécial. La conclusion est que, *pour les raies du groupe α l'approximation des résultats du Tableau I est à une ou deux unités près en accord complet avec les nombres d'Angström.*

C'est, comme on l'a déjà dit, une vérification de l'exactitude des mesures d'Angström aussi bien que des miennes.

Groupe B. — Le groupe B a été pour moi l'objet d'études très minutieuses : j'ai cherché divers moyens de contrôle sans être parvenu à faire disparaître entièrement des divergences très petites, il est vrai, mais d'un ordre appréciable.

La comparaison de mes résultats avec les nombres d'Angström conduit au Tableau suivant (les longueurs d'onde ont été calculées d'après la constante du réseau déduite de l'observation de la raie C d'Angström $\lambda = 656,19$).

A (Angström).	C (Cornu).	A — C.
686,68	686,62	+0,06
686,81	686,89	—0,08
688,21	688,28	—0,07
619,10	689,13	—0,03

L'identification est encore plus difficile que dans le cas du groupe *x*. D'ailleurs, l'exactitude de cette région paraît avoir été pour Angström d'un ordre de précision moins élevé, car dans les Tableaux de l'Appendice du *Spectre normal* le dernier chiffre décimal a été supprimé.

J'ai donc été obligé, pour me rendre compte de la valeur de ces divergences, d'employer une autre méthode.

Méthode d'observation des coïncidences. — Le spectre du second ordre de B coïncide avec le spectre du troisième ordre d'une région bleue très intense et riche en raies sombres. Il semble donc que l'application de la méthode des coïncidences ou du moins des positions relatives des raies des deux spectres soit particulièrement facile. En effet, les raies sombres de B se peignent en bleu sombre sur le champ violacé commun aux deux spectres, et les raies sombres de la région bleue en rose carminé, les deux systèmes offrant une netteté très satisfaisante malgré la confusion qu'entraîne leur superposition.

Mais lorsqu'on cherche à observer avec exactitude les positions mutuelles avec le micromètre à fil sous un grossissement convenable, on est tout étonné de voir que les deux systèmes de raies spectrales ne sont nullement dans le même plan; de plus, le moindre déplacement de l'œil à droite ou à gauche entraîne un déplacement relatif des raies, détruit ou rétablit des coïncidences, en un mot, rend toute observation précise impossible (¹).

J'avais d'abord attribué cette apparence au défaut d'achromatisme de l'objectif; effectivement j'ai pu l'atténuer en modifiant l'achromatisme de l'objectif de la lunette par l'écartement progressif des verres; mais l'effet subsistait toujours.

L'emploi d'un réseau concave de M. Rowland (gracieusement mis à ma disposition par M. de Chardonnet) ne m'a pas donné de meilleurs résultats; dans ce cas, pourtant, il paraît bien démontré que les spectres superposés doivent avoir la même distance focale.

Il ne restait plus, dès lors, que l'oculaire et l'œil auxquels on pût attribuer le défaut d'achromatisme observé. L'emploi d'un objectif de microscope bien achromatique en guise d'oculaire _t loin encore de détruire la parallaxe des deux spectres; je suis donc porté à conclure que c'est à la constitution optique de l'œil qu'il faut attribuer cette erreur si gênante pour la comparaison des deux spectres.

Je suis néanmoins parvenu à atténuer dans une très grande proportion cet effet fâcheux par l'emploi du dispositif suivant :

En arrière de l'oculaire, on dispose un petit prisme à vision directe qui sépare les deux spectres, en limitant la hauteur de la fente du colli-

---

(¹) Angström ne paraît pas avoir rencontré cette difficulté : cela s'explique aisément. Les réseaux si étroits de Nobert employés par l'illustre physicien suédois ne donnant qu'une ouverture angulaire très petite aux faisceaux diffractés, les plans focaux sont, par suite, très mal déterminés. Au contraire, avec la grande largeur des réseaux de M. Rowland, le plan focal de chaque raie est défini avec une grande précision.

mateur par une lame de clinquant percée d'une fente horizontale à bords
obliques ; on parvient aussi facilement à régler la hauteur des deux spectres
de manière qu'ils aient un bord commun.

Pour faire une observation :

1° On règle le réticule du micromètre bien parallèlement aux raies des
spectres ;

2° On tourne le prisme à vision directe de manière que les deux
images ou plutôt les deux ombres du réticule sur les deux spectres soient
exactement sur le prolongement l'une de l'autre ;

3° On rectifie la hauteur des deux spectres de manière qu'ils se touchent
par un bord.

L'appareil étant ainsi disposé, on peut effectuer avec le réticule les
pointés sur les raies de l'un et l'autre spectre, et les mesures sont sensiblement indépendantes de la position de l'œil ; il est facile de déduire le
facteur de réduction qui permet de passer dans chaque spectre des distances micrométriques aux longueurs d'onde ; une simple interpolation
proportionnelle permet alors de conclure la longueur d'onde de la raie
observée.

Les raies repères ont été pour la plupart empruntées au Mémoire récent
de M. Thalèn sur le spectre du fer, dont les indications sont rapportées
au spectre normal d'Angström.

J'en ai vérifié les valeurs en photographiant la région utile avec l'appareil même d'observations ; le relevé micrométrique a permis d'établir la
concordance précise des raies principales et de calculer par interpolation la
longueur d'onde des raies repères ; la vérification s'est trouvée exacte à
$\pm$ 0,01 ou 0,02 près.

Voici le résumé des calculs numériques obtenus d'après les observations
du 22 août 1885 :

C. — Calculé d'après les nombres d'Angström et de Thalèn.	A. Adopté Tableau II.	A. — C.
686,66	686,65	—0,01
72	71	—0,01
688,30	688,28	0,02
50	47	—0,03
688,57	688,57	»
79	79	»
690,32	690,30	—0,02
690,41	40	—0,01
691,56	691,57	0,01
691,70	71	0,01
694,63	694,61	0,01
95	96	0,01
695,53	54	0,01

La différence entre mes résultats et ceux d'Angström atteint ici 0,03 ;

elle est de même ordre que la différence similaire trouvée pour le groupe α, et elle ne paraît pas systématique.

Il faut dire que les observations de B sont beaucoup plus difficiles à cause du peu d'intensité de la région.

En outre, on doit mettre en ligne de compte le défaut d'achromatisme des lunettes; l'erreur qui résulte de ce défaut provient de ce que le tirage nécessaire pour mettre au point la raie D ou même la raie C diffère sensiblement de celui qui correspond au groupe B : comme on doit éviter de toucher au tirage des lunettes pendant le cours d'une détermination au goniomètre, on est obligé de se contenter d'un tirage moyen qui n'est exact pour aucune des deux régions : de là des erreurs de quelques secondes suffisantes pour expliquer les divergences de l'ordre observé.

On peut, en effet, montrer par un calcul numérique que l'ordre de l'erreur moyenne observée, soit $0,02$ pour $\lambda = 694$, correspond à un très petit nombre de secondes d'arc pour l'erreur d'incidence ou de déviation. Différentiant la formule

$$a \left(\sin i + \sin \delta \right) = m\lambda,$$

on tire

$$a \left(\cos i \, di + \cos \delta \, d\delta \right) = m \, d\lambda.$$

Si l'on suppose approximativement $di = 0$, $\delta = 0$, il reste

$$d\delta = \frac{m}{a} \, d\lambda.$$

Pour le groupe B_2, $m = 2$, $\log a = 3,24530$: si $\delta\lambda = 0,02$, on calcule $\delta d = 5''$.

L'erreur trouvée est donc de l'ordre des approximations des pointés avec les lunettes de nos plus grands goniomètres des cabinets de Physique ($0^m,45$ de longueur focale et $0^m.04$ d'ouverture utile).

Groupe A. — Angström n'a donné qu'un seul nombre $760,40$ pour caractériser le groupe A ; il est difficile d'y voir autre chose qu'une approximation pour une bande si difficile à voir : il n'y a donc pas lieu de s'étonner de la grande divergence entre ce chiffre et les miens.

Comparaison avec les résultats de M. W. de W. Abney pour le groupe A ([1]).

A (Abney).	C (Cornu).	A — C.
759,37	759,30	+0,07
764,43	764,42	0,01

Ces deux comparaisons sont aussi satisfaisantes que possible.

J'ai cependant lieu de croire (*voir* p. 85) que les chiffres relatifs à la bande A sont trop forts d'environ $0,04$.

([1]) Voir *Comptes rendus de l'Académie des Sciences*, t. XCVII, p. 1206.

Les remarques que M. Abney présente relativement à l'Atlas de
M. Fievez me dispensent de cette comparaison, qu'on pourrait faire avec
cet ouvrage.

Conclusions. — En résumé, je conclus des déterminations et comparaisons très nombreuses effectuées sur le groupe B et les régions auxquelles
on peut superposer dans les spectres de diffraction que, dans l'état actuel
de construction de nos goniomètres, il est très difficile d'atteindre avec
certitude l'approximation de 0,02 dans la détermination même différen-
tielle des longueurs d'onde (l'unité étant le millionième de millimètre),
loin des repères et surtout dans la région la moins réfrangible du
spectre. Pour obtenir la grande précision que les réseaux actuels peuvent
donner, il faudrait employer des cercles gradués aussi précis, c'est-à-dire
d'un diamètre aussi grand que ceux employés dans l'Astronomie et des
lunettes ayant la distance focale correspondante à la précision du
cercle.

Faute d'employer des instruments de mesure assez rigoureux, on se
condamnera, pour les déterminations absolues, à ces divergences qui devien-
dront tout à fait grossières devant la perfection des images fournies par
les réseaux.

Il sera donc utile, en attendant, que l'on dispose d'instruments assez
puissants, d'user de certains artifices, tels que la méthode des coïncidences,
pour atteindre la précision nécessaire. C'est pourquoi j'ai exposé cette
méthode avec quelques détails.

ERRATA.

Planche. — La Planche offre quelques petites imperfections qu'il eût
été difficile de corriger sans compromettre la netteté de la gravure :
voici celles qu'il est nécessaire de signaler :

Bande α. — La raie solaire 627,85 est un peu trop écartée de la raie
tellurique 627,87, ce qui change un peu l'aspect du groupe 627,85 — 627,95.

Bande B. — Le premier doublet, 688,50 — 688,60, est un peu trop large ;
le quatrième un peu trop étroit. Conformément à ce qui a été dit p. 77,
toutes les longueurs d'onde des raies sont trop fortes de 0,03.

(Extrait des *Annales de Chimie et de Physique*, 6ᵉ série, t. VII ;
janvier 1886.)

TABLE DES MATIÈRES.

C.   8

DEUXIÈME PARTIE.

ÉTUDE DES GROUPES α, B et A.

TROISIÈME PARTIE.

RÉSULTATS NUMÉRIQUES.

QUATRIÈME PARTIE.

RÉSUMÉ ET CONCLUSIONS.

11542   Paris. — Imprimerie de GAUTHIER-VILLARS. quai des Augustins, 55

Étude des bandes telluriques α, B et A du spectre solaire,
par M. A. Cornu.

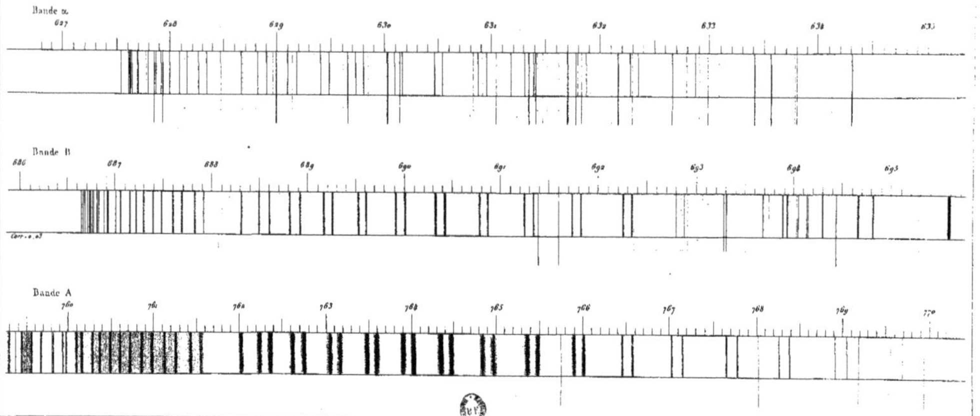

Bande α
627 628 629 630 631 632 633 634 635

Bande B
686 687 688 689 690 691 692 693 694 695
Corr. ·0.03

Bande A
760 761 762 763 764 765 766 767 768 769 770

J. Coton del.

Gauthier-Villars, Éditeur.

Planche 1.

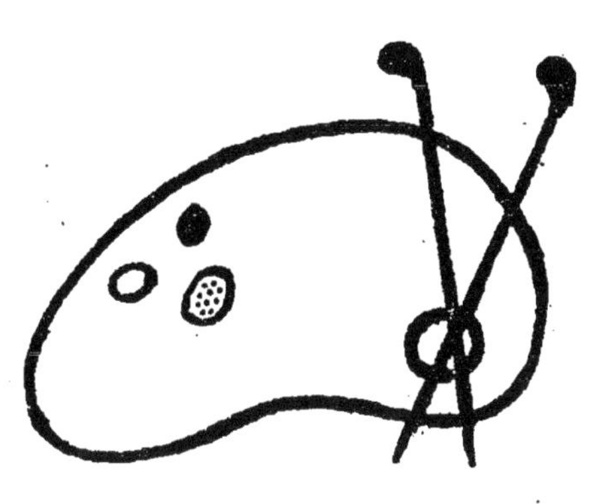

Original en couleur
NF Z 43-120-8